服务业清洁生产培训系列教材

商务楼宇
清洁生产培训教材

薛鹏丽 孙晓峰 李晓丹 等编著

U0232123

化学工业出版社
·北京·

本书共分 8 章，主要介绍了清洁生产概述，服务业清洁生产现状及发展趋势，商务楼宇行业概况及特点，商务楼宇行业清洁生产审核方法，商务楼宇行业清洁生产评价指标体系及评价方法，商务楼宇行业清洁生产先进管理经验和技术，商务楼宇行业清洁生产典型案例，清洁生产组织模式和促进机制。本书最后还附有行业政策类和技术类文件供读者参考。

　　本书旨在促进商务楼宇行业清洁生产工作，提升行业技术水平和管理水平，推动审核单位、咨询服务机构及管理者从不同角度推进清洁生产相关工作，可供从事清洁生产研究的技术人员和管理人员参考，也可供高等学校环境科学与工程及相关专业师生参阅。

图书在版编目（CIP）数据

商务楼宇清洁生产培训教材/薛鹏丽等编著. —北京：化学工业出版社，2019.1

服务业清洁生产培训系列教材

ISBN 978-7-122-33319-3

Ⅰ.①商⋯　Ⅱ.①薛⋯　Ⅲ.①商业建筑-清洁卫生-商业服务-技术培训-教材　Ⅳ.①TS975.7

中国版本图书馆 CIP 数据核字（2018）第 267210 号

责任编辑：刘兴春　刘　婧　　　　　　　文字编辑：汲永臻
责任校对：宋　玮　　　　　　　　　　　装帧设计：韩　飞

出版发行：化学工业出版社（北京市东城区青年湖南街 13 号　邮政编码 100011）
印　　刷：北京京华铭诚工贸有限公司
装　　订：三河市振勇印装有限公司
710mm×1000mm　1/16　印张 12¼　字数 177 千字　　2019 年 5 月北京第 1 版第 1 次印刷

购书咨询：010-64518888　　　　　　　售后服务：010-64518899
网　　址：http://www.cip.com.cn
凡购买本书，如有缺损质量问题，本社销售中心负责调换。

定　　价：68.00 元　　　　　　　　　　版权所有　违者必究

清洁生产，其核心思想是将整体预防的环境战略持续运用于生产过程、产品和服务中，以提高生态效率，并减少对人类和环境的威胁，实现节能、降耗、减污、增效的目的。清洁生产标志着环境保护思路从"末端治理"转为"源头控制"，环境保护战略由"被动反应"转变为"主动行动"。

自 20 世纪 70 年代起，国际社会开始推行清洁生产，把其视为实现人类社会可持续发展的重要方式。清洁生产可以应用到生产过程、产品、服务和废物处置的全生命周期，目前欧盟部分国家、美国、加拿大、日本和中国均在推行清洁生产机制。我国清洁生产工作历经 20 余年发展，已基本上形成了一套比较完善的清洁生产政策法规体系。目前全国已建立 20 多个省级清洁生产中心，清洁生产成为国家深入推进节能减排工作、促进产业升级、实现经济社会可持续发展的重要途径。

北京是全国第一个开展服务业清洁生产的试点城市。自 2012 年起，北京服务业增加值占全市 GDP 比重超过 75%，服务业发展带来的能源资源消耗和环境污染问题逐步凸显。因此，北京市选取能耗、水耗、污染物排放较高的医疗机构、高等院校、住宿餐饮、商业零售、洗衣、沐浴、商务楼宇、交通运输、汽车维修及拆解、环境及公共设施管理 10 个领域作为试点，探索开展服务业清洁生产工作，并获得国家发改委、财政部批准成为全国唯一一个服务业清洁生产试点城市。经过六年多的探索实践，北京市建立了服务业清洁生产推广模式，制定了服务业 10 个重点领域清洁生产评价指标体系，推广了一批服务业清洁生产示范项目，取得了较好的环境效益和经济效益，为服务业实现绿色发展提供了支撑。

北京市的商务楼宇作为向全国、全世界展示首都精神文明、物质文明和悠久的历史文化的窗口，其飞速发展带动了各个相关产业的发展与进步，每年向社会提供大量的就业机会，是社会再分配的一个重要环节，更是社会稳定、经济繁荣的直接体现。

在商务楼宇行业快速发展的同时，环境保护问题也逐渐凸显，节能环保设备使用率低、污染治理设施配置不当、环境管理水平较低、资源能源消耗量高等诸多问题制约了行业的健康持续发展。在全国许多大中型城市中，商务楼宇行业的节能环保问题已经引起了社会的广泛关注，研究表明，危险废物收集处理、中水回用等商务楼宇环境保护问题尤为凸显。

近年来，国家和地方先后出台了《绿色建筑标准》《公共机构办公建筑用电分类计量技术要求》《公共机构办公建筑采暖用热计量技术要求》《公共机构办公建筑用电和采暖用热定额》等一系列政策、法规和标准。在国家环境保护法律法规、政策标准的引导下，一些商务楼宇企业积极推行清洁生产，行业技术水平和管理水平得以快速提升。在这种背景下，进一步实现商务楼宇行业可持续发展，推行和强化环境管理将成为重中之重。希望本书能有效指导商务楼宇企业开展清洁生产，推动商务楼宇行业健康、绿色发展。

本书由长期工作在清洁生产一线的专业技术人员、管理人员及节能环保专家共同完成。在组稿过程中，部分商务楼宇相关企业、清洁生产咨询机构为本书提供了大量数据、图片和资料；在成稿过程中得到了轻工业环境保护研究所程言君的大力支持。此外，本书在编著过程中还得到了北京节能环保中心李靖、于承迎、李旭、孙楠、李忠武、陈征和中国轻工业清洁生产中心高山、张佟佟、王靖等同仁的积极配合，在此一并表示诚挚的谢意。

限于作者水平及编著时间，书中不足之处在所难免，敬请读者批评指正。

编著者
2018 年 8 月

第4章　商务楼宇行业清洁生产审核方法　　35

第5章　商务楼宇行业清洁生产评价指标体系及评价方法　　**53**

第8章　清洁生产组织模式和促进机制　　　152

第1章

清洁生产概述

1.1 清洁生产的起源

清洁生产（cleaner production）是关于产品和生产过程预防污染的一种全新战略，是在回顾和总结工业化实践的基础上提出的，是社会经济发展和环境保护对策演变到一定阶段的必然结果。清洁生产是人们思想和观念的一种转变，是环境保护战略由"被动反应"向"主动行动"的一种转变。它综合考虑了生产和消费过程的环境风险、资源和环境容量、成本和经济效益。与以往不同的是，清洁生产突破了过去以末端治理为主的环境保护对策的局限，将污染预防纳入产品设计、生产过程和所提供的服务之中，是实现经济与环境协调发展的重要手段。

早期，发达国家由于对自然资源与能源的合理利用缺乏认识，对工业污染控制技术缺乏了解，工业采用粗放型的生产方式生产产品，片面追求经济的快速跃进，造成自然资源与能源的巨大浪费。部分工业废气、废水和废渣主要靠自然环境的自身稀释和自净能力进行净化，对污染物排放的数量和毒性未加处理，常常只是污染物在不同环境介质中转移，加重环境污染和社会负担。因此，人们开始思考采用在污染产生的源头减少废物产生量的办法来解决环境污染问题。

清洁生产概念最早可追溯到 1976 年。当年欧共体（现欧盟）在巴黎举行"无废工艺和无废生产国际研讨会"，会上提出"消除造成污染的根源"的思想；1979 年 4 月，欧共体理事会宣布推行清洁生产政策；1984 年、1985 年、1987 年，欧共体环境事务委员会三次拨款支持建立清洁生产示范工程。

进入 20 世纪 80 年代以后，随着工业的发展，全球性的环境污染和生态破坏越来越严重，能源和资源的短缺也日益困扰着人们。在经历了几十年的末端处理之后，美国等发达国家重新审视环境保护历程，虽然大气污染控制、水污染控制以及固体和有害废物处置方面均已取得显著进展，空气、水环境质量等明显改善，但全球气候变暖、臭氧层破坏等环境问题仍令人望而生畏。人们认识到，仅依靠实施污染治理所能实现的环境改善是有限的，关心产品和生产过程对环境的影响，依靠改进生产工艺和加强管理等措施来消除污染可能更为有效。

1989 年 5 月，联合国环境署工业与环境规划活动中心（UNEP IE/PAC）根据 UNEP 理事会会议的决议，制订了《清洁生产计划》，在全球范围内推进清洁生产。该计划的主要内容之一为组建两类工作组：一类为制革、造纸、纺织、金属表面加工等行业清洁生产工作组；另一类则是组建清洁生产政策及战略、数据网络、教育等业务工作组。该计划还强调要面向政界、工业界、学术界人士，提高清洁生产意识，教育公众，推进清洁生产的行动。1992 年 6 月，在巴西里约热内卢的"联合国环境与发展大会"上通过了《21 世纪议程》，号召工业提高能效，更新替代对环境有害的产品和原料，推动实现工业可持续发展。

20 世纪 90 年代初，经济合作和开发组织（OECD）（以下简称"经合组织"）在许多国家采取不同措施鼓励采用清洁生产技术。例如在德国，将 70%的投资用于清洁工艺的工厂可以申请减税。在英国，税收优惠政策是导致风力发电增长的原因。自 1995 年以来，经合组织国家的政府开始把环境战略用于产品，引进生命周期分析，以确定在产品寿命周期中的哪一个阶段有可能削减或替代原材料的投入以及通过最低费用消除污染物和废物。这一战略刺激和引导生产商、制造商以及政府政策制定者去寻找更富有想像力的途径来实现清洁生产。

美国、荷兰、丹麦等发达国家在清洁生产立法、机构建设、科学研究、信息交换、示范项目等领域取得明显成就。发达国家的清洁生产政策有两个重要倾向：其一是着眼点从清洁生产技术逐渐转向产品全生命周期；其二是从多年前大型企业在获得财政支持和其他种类对工业的支持方面拥有优先权转变为更重视扶持中小企业进行清洁生产，包括提供财政补贴、项目支持、技术服务和信息等措施。

自 1990 年以来，联合国环境署已先后在坎特伯雷、巴黎、华沙、牛津、首尔、蒙特利尔举办了六次国际清洁生产高级研讨会。在 1998 年 10 月汉城（现首尔）第五次国际清洁生产高级研讨会上，出台了《国际清洁生产宣言》，包括 13 个国家的部长及其他高级代表和 9 位公司领导人在内的 64 位签署者共同签署《国际清洁生产宣言》，其主要目的是提高公共部门和私有部门中关键决策者对清洁生产战略的理解，它也将激发企业对清洁生产咨询服务的更广泛的需求。《国际清洁生产宣言》是管理者对落实清洁生产的公开承诺。

当前，全球面临着环境风险不断增长、气候变化异常、生态环境质量恶化以及资源能源制约等多重挑战，清洁生产理念已经从工业生产向社会服务、农业及社会生活渗入。生态设计、产品全生命周期控制、废物资源化利用等将成为今后清洁生产的发展方向，并将影响到人们日常生活的方方面面。

1.2　清洁生产的概念

1.2.1　什么是清洁生产

清洁生产是人们思想和观念的一种转变，是环境保护战略由被动反应向主动行动的一种转变。联合国环境规划署在总结了各国开展的污染预防活动，并加以分析后，提出了清洁生产的定义，其定义为：清洁生产是一种新的创造性的思想，该思想将整体预防的环境战略持续应用于生产过程、产品和服务中，以增加生态效率和减少对人类及环境的风险。

① 对生产过程，节约原材料和能源，淘汰有毒原材料，减少废物的数量和毒性。

② 对产品，减少从原材料提炼到产品最终处置的全生命周期的不利

影响。

③ 对服务，将环境因素纳入设计和所提供的服务中。

《中华人民共和国清洁生产促进法》对清洁生产的定义如下：清洁生产是指不断采取改进设计、使用清洁的能源和原料、采用先进的工艺技术与设备、改善管理、综合利用等措施，从源头削减污染，提高资源利用效率，减少或者避免生产、服务和产品使用过程中污染物的产生和排放，以减轻或者消除对人类健康和环境的危害。

清洁生产是一种全新的环境保护战略，是从单纯依靠末端治理逐步转向过程控制的一种转变。清洁生产从生态、经济两大系统的整体优化出发，借助各种相关理论和技术，在产品的整个生命周期的各个环节采取战略性、综合性、预防性措施，将生产技术、生产过程、经营管理及产品等与物流、能量、信息等要素有机结合起来，并优化其运行方式，从而实现最小的环境影响、最少的资源能源使用、最佳的管理模式以及最优化的经济增长水平，最终实现经济的可持续发展。

传统的经济发展模式不注重资源的合理利用和回收利用，大量、快速消耗资源，对人类健康和环境造成危害。清洁生产注重将综合预防的环境战略持续地应用到生产过程、产品和服务中，以减少对人类和环境的风险。

具体来说，清洁生产主要包括以下3个方面的含义。

① 清洁生产指自然资源的合理利用，即要求投入最少的原材料和能源，生产出尽可能多的产品，提供尽可能多的服务，包括最大限度节约能源和原材料、利用可再生能源或清洁能源、利用无毒无害原材料、减少使用稀有原材料、循环利用物料等措施。

② 清洁生产指经济效益最大化，即通过节约能源、降低损耗、提高生产效益和产品质量，达到降低生产成本、提升企业竞争力的目的。

③ 清洁生产指对人类健康和环境的危害最小化，即通过最大限度减少有毒有害物料的使用、采用无废或者少废技术和工艺、减少生产过程中的各种危险因素、废物的回收和循环利用、采用可降解材料生产产品和包装、合理包装以及改善产品功能等措施，实现对人类健康和环境的危害最小化。

1.2.2 为什么要推行清洁生产

（1）推行清洁生产是可持续发展战略的要求

1992 年在巴西里约热内卢召开的联合国环境与发展大会是世界各国对环境和发展问题的一次联合行动。会议通过的《21 世纪议程》制订了可持续发展的重大行动计划，可持续发展已取得各国的共识。

《21 世纪议程》将清洁生产看作是实现持续发展的关键因素，号召工业提高能效，开发更清洁的技术，更新、替代对环境有害的产品和原材料，实现环境和资源的保护和有效管理。

（2）推行清洁生产是控制环境污染的有效手段

自 1972 年斯德哥尔摩联合国人类环境会议以后，虽然国际社会为保护环境做出了很大努力，但环境污染和自然环境恶化的趋势并未得到有效控制。与此同时，气候变化、臭氧层破坏、海洋污染、生物多样性损失和生态环境恶化等全球性环境问题的加剧对人类的生存和发展构成了严重的威胁。

造成全球环境问题的原因是多方面的，其中以被动反应为主的"先污染后治理"的环境管理体系存在严重缺陷，人类将为之付出沉重代价。

清洁生产彻底改变了过去被动的污染控制手段，强调在污染产生之前就予以削减，即在生产和服务过程中减少污染物的产生和对环境的影响。实践证明，这一主动行动具有效率高、可带来经济效益、容易被企业接受等特点。

（3）推行清洁生产可大幅降低末端处理负担

目前，末端处理是控制污染最重要的手段，为保护环境起着极为重要的作用，如果没有它，今天的地球可能早已面目全非，但人们也因此付出了高昂的代价。

清洁生产可以减少甚至在某些情形下消除污染物的产生。这样，不仅可以减少末端处理设施的建设投资，而且可以减少日常运行费用。

（4）推行清洁生产可提高企业的市场竞争力

清洁生产有助于提高管理水平，节能、降耗、减污，从而降低生产成本，提高经济效益。同时，清洁生产还可以树立企业形象，促使公众支持其产品。

随着全球性环境污染问题的日益加剧和能源、资源耗竭对可持续发展的威胁以及公众环境意识的提高，一些发达国家和地区认识到进一步预防和控制污染的有效途径是加强产品及其生产过程以及服务的环境管理。欧共体（现欧盟）于 1993 年公布了《欧共体环境管理与环境审核规则》（EMAS），并于 1995 年 4 月实施；英国于 1994 年颁布 BS7750 环境管理；加拿大、美国等国家也制定了相应的标准。国际标准化组织（ISO）于 1993 年 6 月成立了环境管理技术委员会（TC207），要通过制定和实施一套环境管理的国际标准（ISO 14000）规范企业和社会团体等组织的环境行为，以达到节省资源、减少环境污染、改善环境质量、促进经济持续健康发展的目的。由此可见，推行清洁生产将不仅对环境保护而且对企业的生产和销售产生重大影响，直接关系到其市场竞争力。

1.2.3　如何实施清洁生产

在政府层面，推行清洁生产应采取以下措施：

① 完善法律法规，制定经济激励政策以鼓励企业推行清洁生产；

② 制定标准规范，指导企业推行清洁生产；

③ 开展宣传培训，提高全社会清洁生产意识；

④ 优化产业结构及能源结构；

⑤ 支持清洁生产技术研发，建立清洁生产示范项目；

⑥ 壮大环保服务产业，提高清洁生产技术服务能力等。

在企业层面，推行清洁生产应采取以下措施：

① 制订清洁生产战略计划；

② 加强员工清洁生产培训；

③ 开展产品（服务）及工艺生态设计；

④ 应用清洁生产技术装备；

⑤ 提高资源能源利用效率；

⑥ 开展清洁生产审核等。

1.3　我国清洁生产实践

我国清洁生产的形成和发展经历了 3 个阶段。

（1）引进阶段（1989—1992 年）

1992 年，中国积极响应联合国可持续发展战略和《21 世纪议程》倡导的清洁生产号召，将推行清洁生产列入《环境与发展十大对策》，由此正式拉开了中国实施清洁生产的序幕。1992 年 5 月，国家环保局与联合国环境署联合在中国举办了第一次国际清洁生产研讨会，首次推出《中国清洁生产行动计划（草案）》。

（2）试点示范阶段（1993—2002 年）

1993 年 10 月，在第二次全国工业污染防治会议上，国务院、国家经贸委及国家环保局明确了清洁生产在我国工业污染防治中的地位。

1994 年，《中国 21 世纪议程》将清洁生产列为优先领域。

1999 年，《关于实施清洁生产示范试点的通知》选择北京等 10 个城市作为清洁生产试点城市；选择石化等 5 个行业作为清洁生产试点行业。

（3）建章立制及全面推广阶段（2003 年至今）

2002 年 6 月，第九届全国人民代表大会常务委员会第二十八次会议审议通过《中华人民共和国清洁生产促进法》，于 2003 年 1 月 1 日起施行。《清洁生产促进法》的颁布使清洁生产纳入法制化轨道。为了全面贯彻实施《清洁生产促进法》，国家发改委会同国家环境保护总局联合下发了《清洁生产审核暂行办法》。

2004 年 10 月 13 日，财政部发布《中央补助地方清洁生产专项资金使用管理办法》，由中央财政预算安排用于支持重点行业中小企业实施清洁生产，重点支持石化、冶金、化工、轻工、纺织、建材等行业。2009 年 10 月 30 日，财政部与工信部联合发布《中央财政清洁生产专项资金管理暂行办法》，中央财政预算安排的专项资金用于补助和事后奖励清洁生产技术示范项目。

2005 年至今，《重点企业清洁生产审核程序的规定》《关于进一步加强重点企业清洁生产审核工作的通知》《关于深入推进重点企业清洁生产的通知》等促进了我国清洁生产工作的深入开展。

2011 年 3 月，《中华人民共和国国民经济和社会发展第十二个五年规划纲要》提出："加快推行清洁生产，在农业、工业、建筑、商贸服务等重点领域推进清洁生产示范，从源头和全过程控制污染物产生和排放，降低资源消耗。"

2011 年 12 月，《国家环境保护"十二五"规划》提出："大力推行清洁生产和发展循环经济，提高造纸、印染、化工、冶金、建材、有色、制革等行业污染物排放标准和清洁生产评价指标。"

2011 年 12 月，《工业转型升级规划（2011—2015）》提出："健全激励与约束机制，推广应用先进节能减排技术，推进清洁生产。促进工业清洁生产和污染治理，以污染物排放强度高的行业为重点，加强清洁生产审核，组织编制清洁生产推行方案、实施方案和评价指标体系。在重点行业开展共性、关键清洁生产技术应用示范，推动实施一批重大清洁生产技术改造项目。"

2012 年 2 月，第十一届全国人民代表大会常务委员会第二十五次会议通过《关于修改〈中华人民共和国清洁生产促进法〉的决定》。

2012 年 8 月，《节能减排"十二五"规划》提出："以钢铁、水泥、氮肥、造纸等行业为重点，大力推行清洁生产，加快重大、共性技术的示范和推广，完善清洁生产评价指标体系，开展工业产品生态设计、农业和服务业清洁生产试点。"

随着《中华人民共和国清洁生产促进法》的出台，各省（区、市）根据本地区的实际情况，颁布实施了《清洁生产审核暂行办法实施细则》等地方推行清洁生产的政策法规，天津、云南等地还颁布了《清洁生产条例》。

1.4　北京清洁生产实践

北京市清洁生产的形成和发展分为以下 3 个阶段。

（1）试点示范阶段（1993—2004 年）

在此期间，北京市引进清洁生产思想、知识和方法。在世界银行"推进清洁生产"的支持下，北京红星股份有限公司等企业实施清洁生产审核。

（2）快速发展阶段（2005—2009 年）

在此期间，北京市积极组织清洁生产潜力调研，建立健全政策法规体系，14 个行业近 200 家企业开展清洁生产审核。

2007 年 5 月，北京市财政局、发改委、工业促进局和环保局联合制定《北京市支持清洁生产资金使用办法》，在整合中小企业专项资金、固定资产投资资金和排污收费资金的基础上，统筹建立了清洁生产专项资金支持渠道。

（3）探索新领域阶段（2010 年至今）

在此期间，根据产业结构特点，北京市启动服务业清洁生产审核试点工作。2012 年，北京市获得国家发改委、财政部批准，成为全国唯一一个服务业清洁生产试点城市，选择以医疗机构、住宿和餐饮业、商业零售业等 10 个重点领域推行清洁生产。2014 年，北京市在农业领域启动清洁生产，在种植、养殖、水产方面推行清洁生产，并推进示范项目。至此，北京市清洁生产工作对第一、第二、第三产业实现了全覆盖，成为推动产业优化升级、转变经济增长方式的有力政策工具。

近年来，北京市与清洁生产相关的政策要求如表 1-1 所列。

表 1-1 北京市与清洁生产相关的政策要求

政策名称	颁布时间	清洁生产相关要求
《北京市"十三五"时期环境保护和生态建设规划》	2016 年 12 月	（1）石化、汽车制造、机械电子等重点行业，开展强制性清洁生产审核，鼓励开展自愿性清洁生产审核。 （2）到 2020 年，完成 400 家以上企业的清洁生产审核，其中强制性审核 150 家，实现节能降耗减排的全过程管理

续表

政策名称	颁布时间	清洁生产相关要求
《北京市"十三五"时期节能降耗及应对气候变化规划》	2016 年 8 月	(1)通过政府购买服务方式,开展能源审计、清洁生产审核、碳核查等工作,促进节能低碳服务业发展。 (2)全面推行清洁生产,完成规模以上工业企业清洁生产审核,扩大服务业清洁生产范围,积极探索大型公共建筑、公共机构和农业领域清洁生产,健全重点行业领域节能、降耗、减污、增效的长效机制。加强清洁生产工作统筹管理和协调推进,修订完善促进清洁生产的有关政策。 (3)支持中央在京单位开展节能低碳技术改造,实施清洁生产项目
《北京市国民经济和社会发展第十三个五年规划纲要》	2016 年 3 月	(1)深入开展石化、喷涂、汽车修理、印刷等重点行业挥发性有机物治理,实施规模以上工业企业和大型服务企业清洁生产审核。开展餐饮油烟等低矮面源污染专项治理。 (2)大力推行绿色设计和清洁生产,限制产品过度包装,减少生产、运输、消费全过程的废弃物产生
《〈中国制造 2025〉北京行动纲要》	2015 年 12 月	加大推行清洁生产的力度,制定重点产业技术改造指南,组织一批能效提升、清洁生产、资源循环利用等技术改造项目,推动企业向智能化、绿色化、高端化方向发展
北京市清洁生产管理办法	2013 年 11 月	明确清洁生产主管部门、工作主要环节、管理要求及资金支持办法

参考文献

[1] 汪波.清洁生产与循环经济的关系[J].中国电力企业管理,2018(1).

[2] 孟庆瑜,张思茵.京津冀清洁生产协同立法问题研究[J].吉首大学学报(社会科学版),2017,38(4):32-40.

[3] 颉兔芳,彭小英.研究清洁生产对环保产业良性发展的促进作用[J].时代报告,2017(16):176.

[4] 张晓琦,王强,曾红云.清洁生产环境管理政策在中国的发展和存在问题研究[J].环境科学与管理,2017(12):191-194.

［5］　吴珉．我国工业清洁生产发展现状与对策研究［J］．低碳世界，2017（1）：4.

［6］　王龙迪．探讨清洁生产促进环保产业良性发展［J］．环境与发展，2017，29（7）：192-193.

［7］　朱怡曼．清洁生产在低碳经济中的战略地位与实践探析［J］．绿色环保建材，2017（2）：220-221.

［8］　周长波，李梓，刘菁钧，等．我国清洁生产发展现状、问题及对策［J］．环境保护，2016（10）：27-32.

［9］　孙晓峰，李键，李晓鹏．中国清洁生产现状及发展趋势探析［J］．环境科学与管理，2010（11）：185-188.

［10］　徐广英，张萍．清洁生产与可持续发展的必要性分析［J］．中国资源综合利用，2016（3）：44-46.

［11］　李波，邱燕．清洁生产与循环经济的关系分析［J］．低碳世界，2016（21）：11-12.

第2章

服务业清洁生产现状及发展趋势

2.1　服务业清洁生产的意义和目的

服务业在我国国民经济核算工作中视同为第三产业。其定义为除农业、工业之外的其他所有产业部门，包括农、林、牧、渔的服务业，地质勘查业，水利管理业，交通运输业，仓储及邮电通信业，批发和零售贸易餐饮业，金融保险业，房地产业，社会服务业，卫生、体育和社会福利业，教育、文艺及广播电影电视业，科学研究和综合技术服务业，国家机关、党政机关和社会团体以及其他行业。

近年来，随着我国城市经济的快速发展、人口的日益增长，服务业在国民经济总值中所占比值逐年增大。2015 年，我国全年国内生产总值为 676708 亿元，比上年增长 6.9％。其中，第一产业增加值为 60863 亿元，增长率为 3.9％；第二产业增加值为 274278 亿元，增长率为 6.0％；第三产业增加值为 341567 亿元，增长率为 8.3％。第一产业增加值占国内生产总值的比重为 9.0％；第二产业增加值比重为 40.5％；第三产业增加值比重为 50.5％，首次突破 50％（图 2-1）。

随着产业结构调整，一些城市服务业得以快速发展，部分城市服务业（第三产业）在其国民经济总值中所占比例如表 2-1 所列。

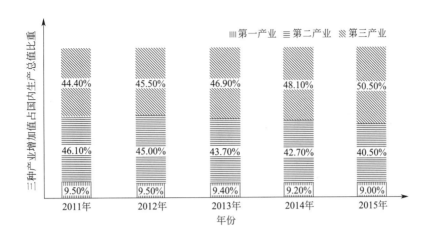

图 2-1　2011～2015 年三种产业增加值占国内生产总值比重

表 2-1　部分城市服务业（第三产业）在该市国民经济总值中所占比例

单位：%

序号	城市名称	1995 年	2015 年
1	北京	52.5	79.80
2	上海	40.8	67.80
3	广州	47.6	66.77
4	西安	49.4	58.90
5	深圳	49.0	58.80
6	杭州	38.1	58.20
7	南京	41.9	57.30
8	济南	37.9	57.20
9	厦门	40.2	55.80
10	青岛	35.0	52.80

　　以北京为例，改革开放以来，北京的城市发展战略发生了根本性的转变。城市经济内涵由单纯以工业为主导的经济形态逐渐向服务业倾斜。据统计，北京市第三产业比重由 1995 年的 52.5% 上升到了 2015 年的 79.8%，领先全国平均水平 30 个百分点。根据《北京市国民经济和社会发展第十三个五年规划纲要》，到 2020 年，服务业比重将提高至 80% 左

右。北京市的产业结构已完成从"工业主导"向"第三产业主导"的过渡。服务业逐渐成为推动北京经济平稳、快速、高辐射发展的主要行业，成为推动北京经济增长的主要驱动力。北京市第三产业增加值占地区生产总值的比例见图2-2。

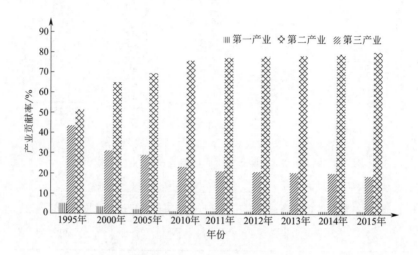

图 2-2　北京市第三产业增加值占地区生产总值的比例

与此同时，第三产业的发展带动了资源能源消费量的持续增长。服务业的能耗、水耗、污染物排放也呈现出较快的增长态势，对经济增长的瓶颈效应日益凸显。

以北京为例，"十二五"以来，服务业能源消费量继续保持较快增长，2015 年，全市能源消费量为 $6.8507×10^7$ t 标准煤，第三产业能源消费量达到 $3.3126×10^7$ t 标准煤，占全市能源消费的比重达到 48.3%（图 2-3）。

2015 年北京市全年总用水量 $38.2×10^8$ m³，比上年增加 1.89%。其中，生活用水 $17.47×10^8$ m³，增长率为 2.90%；生态环境补水 $10.43×10^8$ m³，增长率为 43.86%；工业用水 $3.85×10^8$ m³，下降率为 24.37%；农业用水 $6.45×10^8$ m³，下降率为 21.08%（图 2-4）。

从地表水水质情况来看，北京市水资源短缺和城市下游河道水污染严重的局面未根本改变。全年共监测五大水系有水河流 94 条段，长

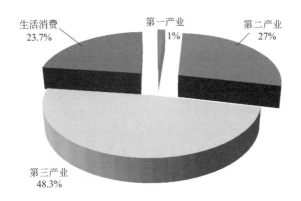

图 2-3　2015 年北京市分产业能耗比例

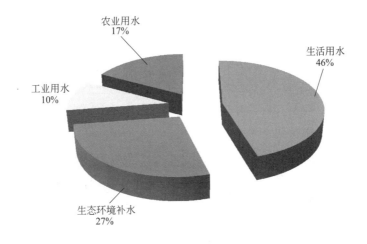

图 2-4　2015 年北京市各用水量比例

2274.6km，其中：Ⅱ类、Ⅲ类水质河长占监测总长度的 46.9%；Ⅳ类、Ⅴ类水质河长占监测总长度的 7.3%；劣Ⅴ类水质河长占监测总长度的 45.8%。主要污染指标为生化需氧量、化学需氧量和氨氮等，污染类型属有机污染型。

五大水系水质类别河长长度百分比统计见图 2-5。

据统计，2015 年北京市城镇生活污水（含服务业）化学需氧量排放量为 79396t，占排放总量（161536t）的 49.2%；城镇生活污水氨氮排放

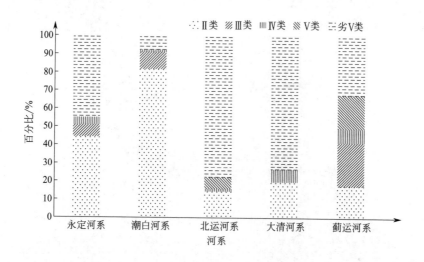

图 2-5 五大水系水质类别河长长度百分比统计图

量为 11564t，占排放总量（16491t）的 70.1％。服务业是有机污染型废水的主要来源。随着产业结构的优化，北京市工业和农业节水和废水减排空间有限，因此，推行服务业清洁生产、挖掘服务业节水潜力对建立节水型社会、减少废水有机污染物排放、改善地表水水质至关重要。

服务业的环境污染问题，如果不从现在开始着手加以解决，将成为继农业和工业环境污染之后的又一生态危害途径，并且会成为制约现代服务业乃至整个国民经济可持续发展的重要因素。清洁生产在作为污染预防与治理有力抓手的同时，还对北京实现经济增长方式的转变和可持续发展、建设资源节约型和环境友好型城市起着重要的推动作用。

2.2 服务业清洁生产现状

北京市于 2007 年起逐步在服务业探索推行清洁生产，已在医疗机构、学校、住宿餐饮、零售业等多个领域推行清洁生产，积累了一定的经验，取得了一定的成效。2012 年 10 月，国家发展改革委、财政部正式批复北京市为全国唯一的服务业清洁生产试点城市。同年，《服务业清洁生产试点城市建设实施方案（2012—2015)》获得批复。2013 年 4 月 17 日，北京市组织召开节能降耗及应对气候变化电视电话会议，正式启动并部署了服务业清洁生产试点城市建设工作。

（1）完善政策法规标准

北京市颁布实施了《清洁生产评价指标体系 商务楼宇》（DB11/T 1257—2015）等 10 个服务业清洁生产标准，用于指导相关行业企事业单位推行清洁生产，评价清洁生产水平；制定《北京市清洁生产管理办法》，鼓励服务业企事业单位推行清洁生产，实施清洁生产技术改造。

（2）开展清洁生产审核

选择住宿餐饮、医疗机构、洗染、商务办公楼宇、交通运输、高等院校、批发零售、洗浴、汽车维修拆解、环境公共设施 10 个行业（或领域）为试点，采取自愿审核的方式，开展了数百家服务业企事业单位清洁生产审核。

（3）实施清洁生产项目

在 10 个服务业试点行业，重点支持了余热回收、电机变频改造、厨余垃圾资源化利用、洗衣龙、中水回用等清洁生产技术改造项目，建立了清洁生产示范项目，逐步在相关行业推行清洁生产经验。

如今，北京市服务业清洁生产工作稳步推进，但其中仍存在一些问题没有解决。为持续在服务业推行清洁生产，不仅需要国家政策导向和资金扶持，还需企业和公众自觉参与进来，为北京服务业的绿色发展做出贡献。

2.3　服务业清洁生产前景

服务业清洁生产是发展循环经济、推动绿色发展和建设"两型社会"的重要手段。服务业的飞速发展带来了经济的增长和就业人口的增加，同时也加大了能源消耗和生态环境问题。因此，服务业开展清洁生产势在必行。

未来，国家对服务业的发展将更加注重发展结构、质量和效益的有机协调。通过在全国推行服务业清洁生产工作，完善高能耗、高污染服务性行业和企业退出机制，建立服务业清洁发展模式。随着服务业清洁生产技术和管理需求的增加，也将积极促进节能环保、新材料、新能源等战略性新兴产业发展，加快向服务经济为主导、创新经济为特征的经济形态转变，推动经济和社会环境同步提升。

目前，北京市已在全市范围内建立服务业清洁生产试点，并在不断探索中总结经验。通过不断的努力，北京市基本形成了以物质高效循环利用为核心、全社会共同参与的服务业清洁生产发展示范区，以及可面向全国示范推广的服务业清洁生产促进体系。同时，为了更好地推进北京市服务业清洁生产试点城市的建设工作，北京还将加大资金投入，发挥财政资金的引导作用，强化企事业单位的清洁生产主体作用，支持企事业单位加大绿色投入。

参考文献

[1] 古圣钰，吴英伟. 服务业发展、产业集聚与地区经济增长 [J]. 合作经济与科技，2018 (4)：42-43.

[2] 张晓露. "互联网＋"背景下政府促进现代服务业发展的路径研究 [J]. 智富时代，2018 (1).

[3] 李晓丹，于承迎. 服务业清洁生产推广模式和实践 [J]. 节能与环保，2018 (1)：56-59.

[4] 冯志诚，吴学信. 企业清洁生产审核技术要点研究 [J]. 资源节约与环保，2018 (2)：31，42.

[5] 周明生. 京津冀服务业集聚与经济增长 [J]. 经济与管理研究，2018 (1)：68-77.

[6] 李宵，申玉铭，邱灵. 京津冀生产性服务业关联特征分析 [J]. 地理科学进展，2018，37 (2)：299-307.

[7] 李冰. 探索服务业清洁生产模式 [J]. 节能与环保，2017 (7)：44.

[8] 宋君伟. 轻工行业工业清洁生产的推行研究 [J]. 绿色环保建材，2017 (8)：232.

[9] 彭水军，曹毅，张文城. 国外有关服务业发展的资源环境效应研究述评 [J]. 国外社会科学，2015 (6)：25-33.

[10] 王小平，赵娜. 工业绿色转型中环保服务业发展研究——以河北省为例 [J]. 价格理论与实践，2015 (1)：106-108.

[11] 张京，王庆华，郭俊祥. 美、日环保服务业发展借鉴 [J]. 环境保护，2010 (21)：

　　　　　　67-69.

[12]　汪琴 . 北京市第三产业清洁生产的必要性、现状和对策建议［J］. 北京化工大学学报

　　　　（社会科学版），2010，901：32-36，43.

[13]　中华人民共和国国家统计局 . 中国统计年鉴 .

[14]　北京市统计局 . 北京统计年鉴 .

第3章

商务楼宇行业概况
及特点

3.1　商务楼宇行业概况

3.1.1　商务楼宇概况

商务楼宇是以商务楼、功能性板块和区域性设施为主要载体，以开发、出租楼宇引进各种企业，是主要承载办公空间的功能性建筑。

商务楼宇的功能形态有很多，有的商务楼宇只有单纯的写字楼功能，没有餐饮、娱乐等其他服务项目。有的商务楼宇功能多样，既有商务办公功能，又有餐饮等服务项目。从楼宇所有权看，有的商务楼宇属于租用型，有的商务楼宇由单位购买。商务楼宇的功能、使用方式的多样性决定了其环境管理的困难性，也彰显了实行统一清洁生产管理的必要性。

随着人们环保意识的增强和对生活质量提高的期盼，节约资源、保护环境并提供安全、绿色、低碳、环保的服务是国内商务楼宇在运营管理过程中实现和谐发展的方向。与美国 LEED 绿色建筑认证、我国绿色建筑标识相比，商务楼宇的清洁生产工作重点是关注建筑运营管理过程中资源能源消耗、环境污染、废物管理等情况。"十二五"期间，低碳生活、节能减排的理念更加深入人心，客观需要能耗大的商务楼宇进行节约能源、保护环境等技术的应用和示范，在实践资源节约型、环境友好型社会的同时，也将满足绿色消费者的心理需要。

3.1.2　商务楼宇基本组织结构及其职责

商务楼宇物业管理组织结构通常包括安保部、办公室、管理部、客服部、工程部、财务部、租务部等部门。公共区域依照主要设施管理划归工程部，如停车场、电梯、绿化、公共照明等。基本组织结构如图 3-1 所示。

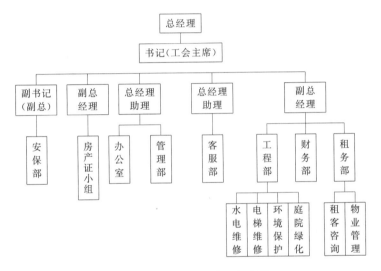

图 3-1　商务楼宇基本组织结构

3.2　商务楼宇行业特征

3.2.1　能源消耗情况

2014 年，我国建筑总面积约为 $5.61 \times 10^{10} \, m^2$，建筑总能耗约为 $8.19 \times 10^8 \, tce$，其中公共建筑面积约为 $1.07 \times 10^{10} \, m^2$，总能耗约为 $2.5 \times 10^8 \, tce$，远高于农村住宅、城镇住宅的能耗。

随着我国公共建筑规模的增长，公共建筑终端的用能需求（如空调、设备、照明）增长，公共建筑能耗已成为中国建筑能耗中比例最大的一部分。

从北京来看，目前有各类大型公共建筑千余幢，其中建筑面积在 $1\times10^4\,m^2$ 以上的办公楼有 600 余座，总建筑面积为 $2.07\times10^7\,m^2$，虽然仅占北京市民用建筑总面积的 5%，其总电耗却高达 $3.3\times10^9\,kW\cdot h$，与全市所有居民住宅的总用电量相当。

商务楼宇是北京城市服务业发展的重要载体。近年来，随着全市经济迅速发展，大批商务办公楼宇应运而生，极大地推动了北京的社会发展。在朝阳、西城、海淀等中心地区，商务楼宇经济已经成为区域发展的支柱产业之一。

依据北京市产业布局与空间调整规划，北京全力打造了以下 6 大高端功能区。

（1）中关村科技园区

充分利用中国科学院、北京大学、清华大学等院校的科技教育资源优势，加快中关村核心区及各专业园建设，以世界研发基地、国家科技策源地和区域创新中心为导向，重点发展研发孵化、信息咨询、科技金融、教育培训等产业，把中关村建设成为促进技术进步和增强自主创新能力的重要载体。

（2）现代商务中心功能区

依托中央商务区（CBD）和燕莎国际商圈，实现功能与空间拓展，大力发展商务、金融、文化传媒、会展等产业，以吸引跨国公司总部和地区总部为重点，以高端商务服务业为龙头，建设首都国际金融功能区和现代服务业聚集地。

（3）奥运体育文化旅游功能区

依托奥林匹克公园、奥运会主场馆、北京国际会议中心、国家会议中心和国家科技馆等设施，通过承接国际重要会议、展览和科技活动，承接大型文艺演出和体育比赛，重点发展体育文化、旅游会展产业，把该地区建设成为具有国际影响力的体育中心、文艺演出中心、会展中心、奥运标志旅游地。

（4）金融街金融产业功能区

大力发展北京金融产业，积极吸引国内外证券、银行、基金、保险等各类金融机构和中介机构落户金融街，推动金融产业优势资源的集聚，积极探索发展金融要素市场，完善金融产业链条，打造"资讯发达、环境优美、设施完善、交易活跃"的国际化金融功能区，使金融街成为国家的金融决策监管中心、金融资产管理中心和信息汇聚中心。

（5）亦庄高新技术制造业功能区

以高端产业和总部经济为依托，充分发挥政策区位和产业优势，加快星网工业园、光电显示园、集成电路产业园、汽车产业园、东部新区及配套服务设施建设。

（6）临空经济功能区

以首都国际机场扩建为契机，依托北京空港保税物流中心（B型）、北京天竺空港出口加工区、空港工业开发区、林河工业开发区、汽车产业基地、北京国际会展中心和空港物流基地等，重点发展物流业、会展业、电子信息产业、汽车产业和相配套的商贸、餐饮、娱乐等生活型服务业。

《2013—2017 年中国智能建筑行业市场前景与投资战略规划分析报告》数据显示，我国建筑能耗总量逐年上升，在能源总消费量中所占的比例已从 20 世纪 70 年代末的 10% 上升到 27.45%。以此推断，随着城市化进程的加快和人民生活质量的改善，我国建筑耗能比例最终还将上升至35% 左右。此外，我国高耗能建筑比例大，预计到 2020 年全国高耗能建筑面积将达到 $7 \times 10^{10} \, \mathrm{m}^2$。

我国办公楼、商场、宾馆的能耗折合成电耗的结果如表 3-1 所列。

表 3-1 　我国建筑用能特点

项　目	办公楼	商场	宾馆
用电量/(kW·h/m²)	31.06~444.02	30.40~415.58	96~200
平均能耗/(kW·h/m²)	82.39	129.92	—

对北京市而言，在对北京近千户居民家庭和 300 多个大型公共建筑能

耗调查结果进行分析后可知，住宅单位建筑面积的电耗为 $10\sim20\mathrm{kW\cdot h}/(\mathrm{m^2\cdot a})$，而公共建筑尤其是大型公共建筑单位面积电耗最高为 $350\mathrm{kW\cdot h}/(\mathrm{m^2\cdot a})$；从采暖能耗分析，住宅、普通公共建筑、大型公共建筑的采暖能耗即热量指标为 $25\sim40\mathrm{W/m^2}$、$20\sim45\mathrm{W/m^2}$、$10\sim30\mathrm{W/m^2}$。大型公共建筑由于内部发热量大，采暖能耗比住宅稍低。

北京市 12 家大型公共建筑能耗调查结果如表 3-2 所列。

表 3-2　北京市部分大型公共建筑能耗

| 建筑物 | 电耗/[kW·h/(m²·a)] | | | | | | | 天然气用量/m³ |
| | 办公照明、电梯 | 厨房、信息中心等 | 空调系统 | | | | 合计 | |
			总计	冷机	冷却泵	风机		
A	64.2	0	46.3	27	11	8.3	110.5	259000
B	25.3	19.8	46	26.7	10.8	8.5	91.1	335690
C	27.5	15.9	11.5	6.1	3.9	1.5	54.9	159269
D	22.5	8.7	16.7	8.1	6.3	2.3	47.9	—
E	23.4	41.3	21.8	11.1	9.4	1.3	86.5	102811
F	43.6	21.8	17.9	8.3	8.1	1.5	83.3	842000
G	35.8	15.7	28.3	16.8	9.4	2.1	79.8	54589
H	46.9	7.4	17.9	7	3.9	7	72.2	75749
I	51.3	5.9	17.5	8.9	6.7	1.9	74.7	380089
J	26.5	0	17.3	6.6	3	7.7	43.8	69495
K	31.8	15.4	9.1	4.3	2.3	2.5	56.3	808405
L	58.7	6.6	36.6	13.8	7.1	15.7	101.9	926000

北京市部分大型公共建筑用电分布如图 3-2 所示。

由图 3-2 可知，北京大型公共建筑办公照明电梯能耗比例最高，占总能耗的 51%；其次为空调系统，占总能耗的 32%；厨房、信息中心等能耗占 17%。

表 3-2 中办公照明电梯的电耗范围为 $22.5\sim64.2\mathrm{kW\cdot h}/(\mathrm{m^2\cdot a})$，造成上述差别的原因如下。

① 开启时间。大型公共建筑中的照明设备普遍开启时间较长，与工

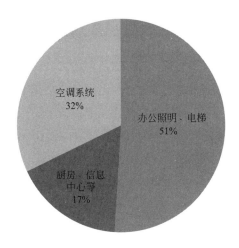

图 3-2　北京市部分大型公共建筑用电分布

作时间、人员习惯有关。

②　单位面积照明灯具装机功率。各建筑物实际照明灯具的装机功率有一定差别，节能潜力在于使用高效节能灯具，以及根据建筑内部空间实际使用情况适当降低某些次要区域的灯具装机功率。

③　建筑物实际使用状况。如晚间、周末加班时间的多少，走廊、楼梯间、会议室等次要功能区域或间歇使用区域所占面积比例等。

空调系统的能耗范围为 $9.1 \sim 46.2 \mathrm{kW} \cdot \mathrm{h} / (\mathrm{m}^2 \cdot \mathrm{a})$，造成上述差别的主要原因如下。

①　开启时间。与工作时间、室内环境控制要求有关。

②　系统形式。全空气系统风机电耗远高于风机盘管等空气-水系统。与部分需连续供冷区域的空调系统方式是集中式还是分散式有关。

③　控制调节。特别是在部分负荷下，如夏季夜间、春秋过渡季的系统控制调节策略和手段。

除北京外，我国其他城市公共建筑能耗调查结果如表 3-3 所列。

大型公共建筑用能设备除空调、照明、电梯外，办公设备、生活热水能耗也占建筑总能耗的较大比例。

办公设备能耗：相关资料显示，大型公共建筑办公设备的能耗为 $6 \sim 45 \mathrm{kW} \cdot \mathrm{h} / (\mathrm{m}^2 \cdot \mathrm{a})$，造成能耗差别的原因主要有人均办公面积、工作时间长短、工作类型、办公自动化程度等。

电热开水器能耗：在有电热开水器的商务楼宇中，仅办公楼开水器能耗即达110kW·h/(人·a)。

表3-3 我国其他城市公共建筑能耗

城市	能 耗 情 况
上海	对上海9幢写字楼进行调研,结果表明:办公楼的最大平均能耗量与最小平均能耗量相差2.21倍,平均能耗量为1.8GJ/(m²·a)
深圳	对15幢高层办公建筑调查显示:写字楼的单位面积能耗最小为45kW·h/(m²·a),最大为150kW·h/(m²·a),平均值为96kW·h/(m²·a),其中空调、照明、办公设备能耗占总能耗的30%
天津	对10座公共建筑进行调研,结果表明:单位建筑面积能耗最大为5.7GJ/(m²·a),最小为0.86GJ/(m²·a),平均能耗为2.86GJ/(m²·a)
武汉	对9幢大楼的全年能耗进行调查和现场测试,结果表明:建筑能耗为0.386~2.579GJ/(m²·a),空调能耗为0.137~0.868GJ/(m²·a),最大建筑能耗与最小建筑能耗相差6.68倍,空调能耗占总能耗的22.3%~79.4%
香港	16000幢大型公建能耗占全港能耗的30%,其中空调系统占建筑能耗的43%,办公设备占17%,电梯、扶梯占7%,照明占33%

国外发达国家的办公楼和宾馆除采暖外，单位建筑能耗折合为用电量数值如图3-3所示。

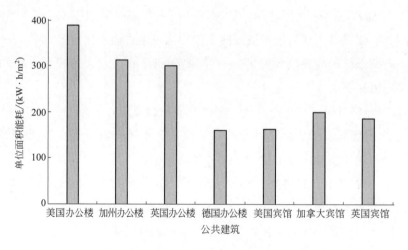

图3-3 国外发达国家公共建筑单位建筑面积能耗

目前，我国建筑平均能耗低于国外发达国家。表3-4为美国费城某大型办公建筑及150座建筑能耗分布平均值。北京大型公共建筑的能耗低于费城同类型建筑。

表 3-4　美国费城某大型办公建筑及 150 座建筑能耗分布

类　别	建筑平均能耗/(kW·h/m²)	某大型办公建筑能耗/(kW·h/m²)
照明办公设备	152.7	149.4
冷机和主循环泵	48.1	52
建筑内风机	93.9	197.1
建筑内水泵	15.3	7.5
总　计	310	406

3.2.2　水资源消耗情况

除能源消耗外，水资源消耗也是商务楼宇等大型公共建筑应关注的主要环境问题，北京市部分大型公共建筑水资源消耗调研结果如表 3-5 所列。

表 3-5　北京市部分大型公共建筑水资源消耗

项目	新鲜水用量/(m³/a)	客户用水量/(m³/a)	自用水量/(m³/a)	中水回用量/(m³/a)	单位面积水耗/[m³/(m²·a)]	中水回用率/%	北京市地方标准，《公共生活取水定额　第6部分:写字楼》/[m³/(m²·a)]
A	156237.8	75999.77	80238.03	3600	1.63	2.88	水冷中央空调≤1.0;非水冷中央空调及其他≤0.9
B	68411	16981.9	51429.1	3600	1.05	5.3	
C	249948	221952	61000	100894	4.1	100	
D	59378	5244	34570	—	1.058	—	
E	42579	—	2463	1277	1.46	3.1	
F	67410	—	—	—	1.69		
G	73221	—	—	—	1.83		
H	82776	—	—	—	3.18		
I	66100	—	—	—	2.17		
J	100501	—	—	—	1.05		
K	70166	—	—	—	4.99		
L	40440	—	—	—	1.47		

调研公共建筑中，单位面积水耗均高于北京市地方标准《公共生活取水定额　第6部分：写字楼》中规定的水冷中央空调≤1.0m³/(m²·a)、非水冷中央空调及其他≤0.9m³/(m²·a) 的标准，并且这些商务楼宇的中水回用率都较低，有的甚至没有中水回用设施。由此可知，北京市大型公共建筑具有较大的节水潜力。北京市大型公共建筑主要用水分布如图3-4所示。

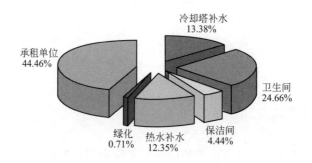

图 3-4　北京市大型公共建筑主要用水分布

由图3-4可知，承租单位用水占北京市大型公共建筑用水比例的44.46％，而承租单位用水80％以上为餐饮用水。由此可知，商务楼宇的节水重点主要为餐饮用水的节约以及中水回用量的增加。

3.2.3　污染物排放情况

商务楼宇的污染物主要是废水、废气、办公垃圾、生活垃圾以及噪声。有餐饮或其他娱乐功能的商务楼宇排放的污染物还包括餐饮、洗涤等活动产生的大量污水；锅炉房的锅炉废气和餐饮设备向大气中排放的油烟废气；使用一次性物品产生的许多难降解的固体废物。其中，废水中浓度较高的是 COD，锅炉废气中主要为 NO_x，餐饮废气主要为油烟颗粒物等。商务楼宇主要污染物排放如表3-6所列。

商务楼宇所产生的能回收利用的废物主要有生产和生活废水、一次性用品、物品的外包装、废纸、废旧地毯、废旧办公用品等。

目前，北京市商务楼宇的中水回用率很低，大部分商务楼宇产生的固体废物直接排出或交由专门的回收机构进行回收。

表 3-6　商务楼宇主要污染物排放

环境影响类别	商务楼宇运营潜在的环境因素	治理措施
水体污染	(1)冲厕废水; (2)日常地面、墙体、卫生间清理废水; (3)空调等设备清洗废水	委托专门的处理企业进行处理;使用无磷洗涤剂;采用物理方式进行空调冷却系统清洗
大气污染	(1)各类制冷设备中可能存在氟利昂的泄漏; (2)1211灭火器在使用中存在哈龙的释放; (3)装修材料等室内大气污染; (4)设备如复印机等运行时有毒气体的排放; (5)地下车库中汽车等交通工具使用时尾气排放; (6)餐饮及加热设备产生的废气	定期排风通风、废气处理
噪声、辐射污染	(1)商务楼宇空调、冷却塔、水泵、高压电器等各类设备运行时产生的噪声污染; (2)办公室内各类电子设备的噪声等	采用低噪声设备,采取降噪措施。如将冷却塔加装隔声板;中央空调安装在消声房内;风机进、出口安装消声器等
固体废物	(1)商务楼宇缺乏对固体废物分类收集,使固体废物再利用或再循环的可能降低; (2)电池、废旧灯管、复印打印机等危险废物与普通办公用品废物混放	鼓励消费者不使用一次性办公用品,废旧设备循环利用
资源和能源的使用	(1)商务楼宇内租户对资源和能源的浪费; (2)自动楼梯、电源等无效运行存在的资源和能源的浪费; (3)资源和能源的直接浪费	采用人员管理、行政管理等手段减少能源、资源的浪费

3.2.4　室内空气污染

根据调研及相关研究,商务楼宇内80%的空气污染来自于建筑装饰装修和办公家具材料。

对商务楼宇内空气环境质量进行监测,监测结果如表3-7所列。

表 3-7　商务楼宇内空气质量监测统计结果

监测项目	甲醛	氨	苯	TVOC	氡
浓度范围/(mg/m³)	0.029~0.853	未检出~0.411	未检出~0.374	0.078~3.02	12.8~512
年平均值/(mg/m³)	0.185	0.108	0.031	0.631	80.6
年超标率/%	63.9	1.8	3.6	35.6	2.1
评价标准/(mg/m³)	0.10	0.2	0.11	0.6	400

分析表明,办公室内空气污染物浓度水平的高低与办公写字楼的新旧

程度关系不大，而与所用装修装饰材料和办公家具材料的质量有关。

3.2.5 环境管理

环境管理体系是一个组织内全面管理体系的组成部分，它包含为制订、实施、实现、评审和保持环境方针所需要的组织机构、规划活动、机构职责、惯例、程序、过程和资源，还包含组织的环境方针、目标和指标等管理方面的内容。即环境管理体系是一个组织有计划、协调运作的管理活动，其中有规范的运作程序、文件化的控制机制，它通过有明确职责和义务的组织结构来贯彻实施，目的在于防止对环境的不利影响。环境管理是一项内部管理工具，旨在帮助组织实现自身设定的环境表现水平，并不断地改进环境行为，不断达到更新更佳的高度。

通过对北京市部分大型公共建筑调研发现，不少的商务楼宇都有自己专门的环境管理机构，并且配有专门的环境负责人员。商务楼宇对所排污水采取了较为完善的处理方式，一般是将其排入附近的污水处理厂。此外，不少的商务楼宇也安装了废气处理装置，并有一定的经费来保障处理装置的日常运行。

3.3 商务楼宇行业存在问题分析

毋庸置疑，能源的大量消耗是目前建筑尤其是大型公共建筑最为突出的能源环境问题，但随着我国建筑节能技术及节能财政补贴等法律法规的日趋完善，商务楼宇等大型公共建筑的能耗将会显著降低。除能源消耗外，中水回用、室内空气污染、办公垃圾处理处置也是商务楼宇清洁生产应重点关注的对象。

从整体来看，商务楼宇的主要资源环境问题有如下几点。

(1) 能源的消耗

商务办公楼宇的能源消耗占城市能源消耗的比重很大。2008 年经济危机后，各国政府愈加重视建筑节能带来的经济效益，我国政府用于救市的 4 万亿元中有 2100 亿元用于节能减排、生态环保等"绿色工程"。据

《科技日报》报道：我国大型公共建筑面积不足城镇建筑总面积的 4%，但总能耗却占全国城镇总耗电量的 22%，某大都市的公共建筑面积虽然仅占全市民用建筑总面积的 5.4%，但总耗电量达 $33 \times 10^8 \text{kW} \cdot \text{h}$，占全市所有居民用电的 50%。

商务办公楼宇的用电对象包括照明、办公设备、电梯、空调、供热等多个系统，其中空调系统、照明约占总能源消耗的 65%。因此，在推行清洁生产的过程中，商务楼宇的节能降耗应重点关注空调系统和照明系统，采暖及保温系统和办公设备等能源的消耗也需要引起关注。

（2）水资源的浪费

商务楼宇的水资源利用主要集中在冷却塔、冲厕、盥洗、楼宇卫生等方面。要全面推广节水设备，引导员工养成良好的用水习惯，重点开展节水评估管理、中水回用、废水再生利用等节水改造工程。

（3）装修原辅材料产生的大气污染

商务楼宇建筑过程中使用的原辅材料及装修过程中使用的墙体、地面等材料含有有毒有害物质，存在一定的人体健康风险。要从绿色原辅材料、室内通风、室内空气检测等方面体现商务楼宇清洁生产对室内空气质量管理的要求。

（4）固体废物的排放

商务楼宇的固体废物主要包括废旧电脑、废荧光灯、打印机、复印机、电池、办公家具等。通过对办公人员的正确引导，推动楼宇内废弃办公用品减少排放，废物循环综合利用，推广使用再生纸，实施垃圾分类收集和循环利用，在此基础上，推行绿色采购和无纸化办公，减少纸巾、水杯、水笔、圆珠笔等一次性消耗品的使用量，提倡使用再生纸、玻璃杯、钢笔等环保办公用品。

3.4　商务楼宇行业清洁生产潜力

商务楼宇是现代楼宇经济的载体，是近年来城市经济发展中涌现的一种新型经济形态。它是以商务楼、功能性板块和区域性设施为主要载体，以开发、出租楼宇引进各种企业，从而引进税源，带动区域经济发展为目的，以体现集约型、高密度为特点的一种经济形态。主要表现为现代服务业，如金融业、咨询业、广告策划、影视制作、网络公司、律师事务所、会计事务所、咨询中介公司、高科技企业、娱乐服务企业、房地产开发企业、旅游服务企业、交通通信企业等国内外各类企业和公司。

目前，北京已逐步形成数个现代服务业聚集区，如北京金融服务核心区（即北京金融街）、北京商务中心区（即北京 CBD）、中关村高科技园区等。这些区域内的大多数商务办公楼宇成为楼宇经济的重要载体。

3.4.1　商务楼宇节能潜力

由于可持续发展观念和"低碳"意识的不断增强，加之可以产生客观的直接经济效益，能源审计、节能改造、合同能源管理、LEED 认证等在商务楼宇行业快速开展，其中能源审计和节能改造主要关注供暖、制冷、照明、给排水等主要耗能设备与系统的能耗指标等多个方面。此外，越来越多的客户更倾向于选择已获取"绿色建筑""LEED 建筑"等绿色认证体系的商务楼宇。这些客观和主观因素都促使以商务楼宇为载体的楼宇经济节能降耗工作的开展。

《北京市"十二五"产业发展与空间布局调整规划》指出要加快金融服务创新；重点开发面向中关村科技园区高成长企业的投融资服务、面向奥运工程和城市基础设施建设的投融资服务、面向城市中高收入阶层的投资服务等金融创新服务品种；推进三大功能区建设，把金融街建成全国金融管理中心，把 CBD 建成国际金融资源集聚区，把中关村高新技术产业金融区建成高技术产业与金融业的结合区。

根据北京市商务办公楼宇发展的趋势和特点分析，商务楼宇的综合能耗将呈现以下趋势。

① 随着全市城市建设的发展，商务楼宇作为现代城市经济发展的重要载体，其数量、规模将不断扩大，现代化程度将更高，综合能耗总量呈增长趋势。

② 随着商务楼宇入住企业和物业管理企业绿色照明、能源审计、节

能改造、LEED 认证等工作的开展，单位面积商务楼宇的综合能耗将会出现一定的下降趋势。

3.4.2　商务楼宇节水潜力

商务办公楼宇的节水意识一般较强。随着可持续发展观念在经济领域的不断深化和发展，在商务办公楼宇的经济活动中越来越强调企业的环境意识和社会责任意识，并有逐步形成新一轮"绿色行为准则"的趋势。企业社会责任的内容广泛，在以商务办公楼宇为载体的产业中，"环保设计""绿色创造""绿色办公"是重要的组成部分，而其中很重要的一项评价指标就是工作场所对能源、水资源的消耗水平。这些发展变化都促使建筑投资者越来越倾向于获取"绿色建筑""LEED 建筑"等绿色建筑体系的认证，从而自然地提高节水意识，促进现代产业节水工作的开展。

根据商务办公楼宇发展的趋势和特点分析，商务楼宇的用水将呈现以下趋势。

① 随着全市城市建设的发展，商务楼宇作为现代城市经济发展的重要载体，其数量、规模将不断扩大，现代化程度更高，将使行业用水总量呈增长趋势。

② 随着商务楼宇入住企业和物业管理企业开展绿色办公、绿色建筑、节能减排，加强节水、用水管理工作，推广节水器具的应用，单位商务楼宇面积的用水量将会出现一定的下降趋势。

参考文献

[1]　巩琦．北京市建筑节能布局及行为节能的技术经济研究 [D]．北京：北京化工大学，2011．

[2]　萧楠，徐向阳，令狐挺，等．北京市建筑节能现状与对策 [J]．中国环境管理，2012，4：11-14．

[3]　王红娜．大型公共建筑节能管理研究 [D]．天津：天津大学，2007，5．

[4]　陈磊．大型公共建筑能耗数据无线远程监控及节能管理系统研究 [D]．西安：西安建筑科技大学，2011．

[5]　刘秀杰. 基于全寿命周期成本理论的绿色建筑环境效益分析 [D]. 北京：北京交通大学，2012.

[6]　张东利. 可持续建筑关键技术与运行管理研究 [D]. 重庆：重庆大学，2012.

[7]　江亿. 我国建筑节能战略研究 [J]. 中国工程科学，2010，13（6）：30-37.

[8]　胡芳芳. 中英美绿色（可持续）建筑评价标准的比较 [D]. 北京：北京交通大学，2010.

[9]　中国绿色建筑 [R]. 北京：清华大学，2014.

第 4 章

商务楼宇行业清洁生产审核方法

4.1 清洁生产审核概述

4.1.1 清洁生产审核的概念

《清洁生产审核办法》（环境保护部 2016 年第 38 号令）指出：清洁生产审核，是指按照一定程序，对生产和服务过程进行调查和诊断，找出能耗高、物耗高、污染重的原因，提出减少有毒有害物料的使用、产生，降低能耗、物耗以及废物产生的方案，进而选定技术经济及环境可行的清洁生产方案的过程。

在实行预防污染分析和评估的过程中，制订并实施减少能源、水和原辅材料使用，消除或减少生产（服务）过程中有毒物质的使用，减少各种废物排放及其毒性的方案。

通过清洁生产审核，要达到以下目的。

① 核对有关单元操作、原材料、产品、用水、能源和废物的资料。

② 确定废物的来源、数量以及类型，确定废物削减的目标，制订经济有效的削减废物产生的对策。

③ 提高审核主体对由削减废物获得效益的认识和知识。

④ 判定审核主体效率低的瓶颈部位和管理不善的地方。

⑤ 提高审核主体的经济效益和产品质量。

4.1.2　清洁生产审核的原理

清洁生产审核的对象是企事业单位，其目的有两个：一是判定出企事业单位中不符合清洁生产的地方和做法；二是提出方案解决这些问题，从而实现清洁生产。

通过清洁生产审核，对企事业单位生产和服务全过程的重点（或优先）环节、工序产生的污染进行定量监测，找出高物耗、高能耗、高污染的原因，然后有的放矢地提出对策、制订方案，减少和防止污染物的产生，降低能源和资源消耗。

4.1.3　清洁生产审核的程序

清洁生产审核的程序应包括审核准备、预审核、审核、方案的产生和筛选、方案的确定、方案的实施和持续清洁生产。

审核准备阶段应宣传清洁生产理念，成立清洁生产审核小组，制订审核工作计划。

预审核阶段应通过现场调查、数据分析等工作，评估商务楼宇企业的清洁生产水平和潜力，确定审核重点，设置清洁生产审核目标，提出并实施无/低费清洁生产方案。

审核阶段应通过水平衡、能量平衡等测试工作，系统分析能耗、物耗、废物产生原因，明确实施无/低费方案。

方案的产生和筛选阶段应筛选确定清洁生产方案，核定与汇总已实施无/低费方案的实施效果。

方案的确定阶段应确定市场调查、技术评估、环境评估、经济评估的顺序，对方案进行初步论证，确定最佳可行的推荐方案。

方案的实施阶段应通过方案实施达到预期的清洁生产目标。

持续清洁生产阶段应通过完善清洁生产管理机构和制度，在商务楼宇企业建立持续清洁生产机制，达到持续改进的目的。

清洁生产审核各阶段工作内容说明如表 4-1 所列。

表 4-1　清洁生产审核各阶段工作内容说明

序号	阶段	工作内容
1	审核准备	(1)取得领导支持; (2)组建审核小组; (3)制订审核工作计划; (4)开展宣传教育
2	预审核	(1)准确评估企业技术装备水平、产排污现状、资源能源消耗状况和管理水平、绿色消费宣传模式等; (2)发现存在的主要问题及清洁生产潜力和机会,确定审核重点; (3)设置清洁生产审核目标; (4)提出并实施无/低费清洁生产方案
3	审核	(1)收集汇总审核重点的资料; (2)水平衡测试、能量测试; (3)能耗、物耗、废物产生分析; (4)明确实施无/低费方案
4	方案的产生和筛选	(1)筛选确定清洁生产方案,筛选供下一阶段进行可行性分析的中/高费方案; (2)核定与汇总已实施无/低费方案的实施效果
5	方案的确定	(1)对会造成服务规模变化的清洁生产方案要进行必要的市场调查,以确定合适的技术途径和生产规模; (2)按技术评估→环境评估→经济评估的顺序对方案进行分析,技术评估不可行的方案,不必进行环境评估;环境评估不可行的方案,不必进行经济评估; (3)技术评估应侧重于方案的先进性和适用性; (4)环境评估应侧重于方案实施后可能对环境造成的不利影响(如污染物排放量增加、能源资源消耗量增加等); (5)经济评估应侧重于清洁生产经济效益的统计,包括直接效益和间接效益
6	方案的实施	(1)清洁生产方案的实施程序与一般项目的实施程序相同,参照国家、地方或部门的有关规定执行; (2)总结方案实施效果时,应比较实施前与实施后,预期和实际取得的效果; (3)总结方案实施对企业的影响时,应比较实施前后各种有关单耗指标和排放指标的变化
7	持续清洁生产	(1)建立和完善清洁生产组织; (2)建立和完善清洁生产管理制度; (3)制订持续清洁生产计划; (4)编制清洁生产审核报告

4.2 审核准备阶段的技术要求

4.2.1 目的与要求

目的是通过开展宣传、培训，提高商务楼宇行业管理层及员工的低碳、环保意识，克服思想障碍，确保清洁生产审核工作有效开展。

4.2.2 工作内容

审核准备阶段需要成立清洁生产审核小组，制订审核工作计划；宣传清洁生产理念，消除思想障碍，调动全体员工参与清洁生产审核的积极性。

主要工作内容如下。

① 取得领导支持。利用内部和外部的影响力，及时向企业领导宣传和汇报，宣讲清洁生产审核可能给企业带来的经济效益、环境效益、社会效益、无形资产的提高和推动技术进步等诸方面的好处，讲解国家和地方清洁生产相关政策法规，介绍国内外其他商务楼宇推行清洁生产工作的成功实例，以取得企业高层领导的支持。

② 组建审核小组。商务楼宇企业根据办公楼产权归属，成立清洁生产审核领导小组和工作小组。组长：应由总经理直接担任，或由其任命主管能源环保或工程、后勤的副总经理担任。成员：要求具备清洁生产审核知识，熟悉商务楼宇的运营、管理、服务和维修等情况。

③ 制订审核工作计划。计划包括工作内容、进度、参与部门、负责人、产出等。

④ 开展宣传教育。利用商务楼宇现行各种例会或专门组织宣传培训班，采取专家讲解、电视录像、知识竞赛、参观学习等方式，对全体员工或分批次进行宣传教育。应注重员工持续宣传教育工作。主要内容应包括但不限于：清洁生产概念、来源、我国清洁生产政策法规、行业产业政策和环境保护法规标准、国家和地方节能减排相关政策、清洁生产审核程序

及方法、典型清洁生产方案、能源环境管理制度建设及执行方式等。

4.3　预审核阶段的技术要求

4.3.1　目的及要求

预审核阶段的主要目的如下。

① 准确评估商务楼宇企业技术装备水平、产排污现状、资源能源消耗状况和管理水平、绿色办公宣传模式等。

② 发现存在的主要问题及清洁生产潜力和机会，确定审核重点。

③ 设置清洁生产审核目标。

④ 提出并实施无/低费清洁生产方案。

4.3.2　现状分析

① 企业概况。包括企业基本信息和主要经营信息、地理位置、建筑基本信息（如层高、占地面积、建筑面积、建筑外观、绿化面积、地下车库面积、外围设施）、组织机构、办公用房以及出租办公等情况。

② 运营状况。说明楼宇产权是否属于物业管理公司或其所在集团、物业管理公司员工数、楼宇内承租客户数、客户主营业务、楼层分布、物业服务的主要对象和内容、运行成本等情况。

③ 主体建筑和设备状况。说明围护结构使用的建筑材料、建筑的自然采光情况、企业采用的环境方针等；说明基础设施的基本情况（包括设备位置、功率、数量、运行时间、运行费用），如围护结构、楼宇自控系统、中央空调系统（包括冷水机组、新风机组、冷却塔）、消防自动报警系统、24 小时保安监控系统、大厦的配电室、给排水系统、中水系统、供热系统、卫生间使用情况、大厦照明系统、电梯设备及运行；由于空调系统为其重点耗能单位，需说明空调制冷方式，统计空调系统主要耗能设备和相应设备的参数等；关注空调制冷剂的类型，及其是否对环境产生不利影响。

④ 配套设施情况。说明商务办公楼宇配套设施的基本情况，包括银行、餐饮娱乐、会展、洗衣房、健身房等。

⑤ 资源、能源利用情况。统计近 3 年逐月用能种类（电力、市政热力、燃气、燃油等）、水和能源消耗量，计算单位面积能耗、单位面积水耗，并说明地热能、太阳能等可再生能源的使用情况等。

⑥ 原辅材料消耗情况。包括办公耗材、办公家具、灯具、食品、耐用品、设施改造或添加等的可持续采购管理情况。

⑦ 环境保护状况。包括商务办公楼宇废水产生环节、冷却塔用水管理、中水回用管理、室内空气质量、地下停车场空气质量、主要固体废物类型及处理处置情况、虫害管理、光污染控制、化学品管理等。

⑧ 节能环保技术应用情况。应说明节能门窗和节能灯使用情况、节水器具使用情况、节水景观和中水系统使用情况（包括中水水源、处理技术、处理量、回用量、回用方向）、绿色办公环保技术等。

⑨ 绿色管理情况。说明倡导低碳节能消费的情况，如是否进行了节能审计、节能管理，是否建立物业与租户共同参与的节能奖励机制，环境管理体系的建立与执行情况，环保节能宣传教育开展现状，固体废物回收利用管理等。

⑩ 第三方管理。应说明第三方相关服务方管理情况，如是否对商务办公楼宇内餐厨垃圾进行了第三方管理以及餐厨垃圾最终处理处置情况。

4.3.3 现状分析方法

① 查阅设计图纸、设备清单等。

② 查阅各项记录，包括物业原辅材料采购表、水耗表、能耗表、楼宇自控系统运行状况、主要设备运行记录表、废物储存运输表、环境监测表、事故记录表、检修记录、开展节能环保培训记录。

③ 与物业管理公司各级别工作人员座谈，了解并核查商务楼宇在办公租赁、运营经营服务、废物处理处置过程中存在的主要问题，听取意见和建议，筛选关键问题和工序，征集无/低费方案。

4.3.4　评价产排污状况及能源资源消耗水平

在资料调研、现场考察及专家咨询的基础上，对比国内外先进商务楼宇的经营、能耗、环境保护状况、管理方式，对企业现状进行初步评估。

在国内外同类同规模商务楼宇节能环保水平和本企业节能环保现状调查的基础上，对差距进行初步分析。评价企业在现有设备和管理水平下，能源资源消耗、产污排污状况的真实性、合理性以及相关数据的可信性。

对照《绿色建筑评价标准》（GB/T 50378）、《公共生活取水定额 第 6 部分：写字楼》（DB11/T 554.6）、北京市地方标准《绿色建筑评价标准》（DB11/T 825）、《清洁生产评价指标体系 商务楼宇》（DB11/T 1257—2015）等相关指标，评价企业的产业政策符合性和清洁生产水平。对照《用能单位能源计量器具配备和管理通则》（GB 17167）评价能源计量器具的配备情况。

评价企业执行国家及当地环保法规、行业排放标准的情况，包括达标排放情况、缴纳环保税及处罚情况等。根据废水排放去向，执行《水污染物综合排放标准》（DB11/307）；锅炉废气排放执行《锅炉大气污染物排放标准》（DB11/139）；噪声控制执行《社会生活环境噪声排放标准》（GB 22337）；固体废物处理处置执行《危险废物贮存污染控制标准》（GB 18597）、《一般工业固体废物贮存、处置场污染控制标准》（GB 18599）等。

4.3.5　确定审核重点

根据收集的有关信息，将商务楼宇运营管理过程的若干问题或环节作为备选审核重点。审核重点应包括但不限于以下几个。

① 重点能耗环节（如空调系统、供暖系统、照明系统、动力系统、电梯系统、楼宇自控系统等）。

② 重点水耗环节（如空调系统、卫生间、茶水间、商务楼宇内日常清洁等）。

③ 固体废物的处理处置。

④ 一次性用品的来源和使用量。

⑤ 其他有明显清洁生产机会的环节。

4.3.6 清洁生产目标设置

针对审核重点设置目标。清洁生产目标应该定量化、可测量、可操作，并具有激励作用。

清洁生产目标应分为近期目标和中远期目标。商务楼宇的清洁生产目标应包括但不限于以下几个。

① 单位建筑面积取水量。

② 单位建筑面积综合能耗。

③ 单位建筑面积废水产生量。

④ 中水循环利用率。

⑤ 能源计量器具配备率。

⑥ 废办公用品循环利用率。

4.3.7 提出和实施无/低费方案

从原辅材料和能源替代、技术工艺改造、设备维护和更新、过程优化控制、产品更换或改进、废物回收利用和循环使用、改进管理、员工素质的提高以及积极性的激励 8 个方面进行原因分析，考虑企业内不需投资或投资很少、容易在短期内见效的无/低费清洁生产方案。边提出、边实施，并及时总结加以改进。审核小组要鼓励员工提出有关清洁生产的合理化建议，并实施明显可行的无/低费方案。

4.4 审核阶段的技术要求

4.4.1 目的和要求

通过实测、估算等方式，建立物料平衡、水平衡、能量平衡、关键因子平衡，在此基础上，对审核重点的原辅材料、生产过程以及废物的产生等多方面因素进行审核，分析物料和能量流失的环节，找出污染物产生的原因，并提出相应的清洁生产方案。

4.4.2　工作内容

4.4.2.1　水平衡测试

商务楼宇行业应重点关注空调、盥洗、冷却塔补水、冲厕、绿化、保洁等环节。

通过水平衡测试，应计算测试期间单位建筑面积取水量、间接冷却水循环率等。

参照国家和地方相关取水定额等标准进行对标分析，商务楼宇行业单位建筑面积取水量应参照北京市地方标准《公共生活取水定额 第 6 部分：写字楼》（DB11/T 554.6）和《清洁生产评价指标体系 商务楼宇》（DB11/T 1257—2015）。

商务楼宇行业水平衡测试示意如图 4-1 所示。

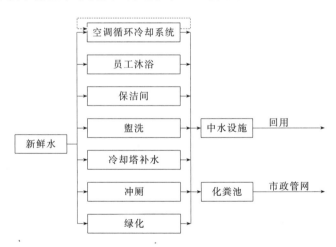

图 4-1　商务楼宇行业水平衡测试示意

4.4.2.2　能量平衡测试

商务楼宇行业消耗的能源品种主要包括电力、热力、天然气。

根据商务楼宇行业的实际情况以及审核工作的需要，进行必要的能量测试，可重点开展电平衡测试，也可选择冬季开展热平衡测试。

通过能量平衡测试，应计算测试期间单位建筑面积综合能耗。

参照国家和地方相关能耗限额等标准进行对标分析，商务楼宇行业单位建筑面积综合能耗应参照北京市地方标准《公共机构办公建筑用电和采暖用热定额》（DB11/T 706—2010）和《清洁生产评价指标体系 商务楼宇》。

商务楼宇行业电平衡测试示意如图4-2所示。

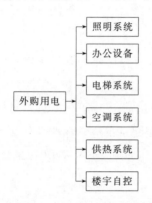

图4-2 商务楼宇行业电平衡测试示意

4.4.2.3 能耗高、物耗高、废物产生量大的原因分析

系统分析商务办公楼宇行业能耗高、物耗高、废物产生量大的原因。常见问题包括但不限于以下几个。

① 楼宇自控系统、中央空调系统、给排水系统、消防系统、电梯、供暖系统等设备陈旧老化，导致资源、能源消耗量大。

② 商务楼宇内无中水设施，中水设施不运行或中水回用率低。

③ 商务楼宇内洗涤、洗手用品等尚未实现绿色化。

④ 室内办公环境空气质量不达标，未对盘管风机进行清洗。

⑤ 商务楼宇物业管理者未对楼宇内废荧光灯进行回收管理。

⑥ 商务楼宇内节水龙头、节水马桶安装率低，存在使用淘汰设备等现象。

⑦ 商务楼宇内水、电等计量仪表不完善，不能对商务楼宇的水耗、电耗等进行定量分析。

⑧ 商务楼宇内承租单位一次性办公用品消耗量大，物业管理者未对承租户进行绿色办公的宣传和互动。

⑨ 商务楼宇未制订环境消杀药剂、灭虫害药剂管理制度。

⑩ 商务楼宇地下停车场汽车尾气污染物排放未达标。

⑪ 宣传方式欠缺，物业管理部门与租户和商务办公楼宇所有者未达成共建绿色节能消费模式的共识。

⑫ 商务楼宇物业管理、能源环境管理体系不健全，无相关制度、机构和专职人员。

⑬ 商务楼宇物业管理者对物业管理人员培训力度低等。

4.5　方案产生与筛选阶段的技术要求

4.5.1　目的与要求

方案产生与筛选阶段的主要目的：通过筛选确定清洁生产方案，筛选供下一阶段进行可行性分析的中/高费方案；核定与汇总已实施无/低费方案的效果。

4.5.2　清洁生产方案的特点

清洁生产方案具有以下特点。

① 源头削减。通过使用无毒无害原辅材料和环境友好型产品、改变能源消费结构、引导绿色消费等措施，实现节能减排。

② 过程减量。通过优化服务流程、采用节能节水环保的技术装备、强化能源环境管理等措施，实现节能减排。

③ 末端循环。通过采取废物资源化利用、废水回用、废物无害化处理等措施，实现节能减排。

4.5.3　工作内容

该阶段需要对方案基础、筛选、研制和现有方案的效果进行分析；对物业管理技术工作人员、租户进行宣传动员，鼓励物业管理人员、租户提出清洁生产方案或合理化建议；针对审核阶段的平衡分析结果产生方案；广泛收集国内外建筑节能、节水、节地、节材以及环境保护方面的先进技术；参考国家和地方相关行业标准、技术规范等指导性文件，指导性文件包括但不限于《公共建筑节能设计标准》（GB 50189）、《公共生活取水定额 第6部分：写字楼》（DB11/T 554.6）、《绿色建筑评价标准》（DB11/T 825）等；组织行业专家进行技术咨询。

筛选方案：从技术、环境、经济和实施难易等方面将所有方案汇总进行筛选，以确定出可行的无/低费方案、初步可行的中/高费方案和不可行方案3类，可行的无/低费方案立即实施，不可行方案暂时搁置或否定；当方案数较多时，运用权重总和计分排序法，对初步可行的中/高费方案进一步筛选和排序。

方案研制主要对经过筛选的中/高费方案做简要分析，内容包括但不限于：工艺流程详图；主要设备清单；方案的费用和效益估算。

核定与汇总已经实施的无/低费方案的实施效果，应评估：投资和运行费；经济效益和环境效益。

4.5.4 典型商务楼宇清洁生产方案

典型的商务楼宇清洁生产方案如表4-2所列。

表4-2 典型的商务楼宇清洁生产方案

序号	部位和过程	清洁生产方案
1	建筑	(1)选用符合《公共建筑节能设计标准》(GB 50189)的节能门窗； (2)选用符合《公共建筑节能设计标准》(GB 50189)的节能幕墙
2	供配电系统	根据用电负荷的大小和性能,合理配置变压器的容量和台数,控制运行负荷为额定容量的70%~90%;变压器应选用高效低耗型;采用无功补偿、三相平衡、谐波治理等技术
3	空气调节与采暖系统	(1)中央空调应采用通风系统智能控制、变频调速等节能技术； (2)分体空调应加装独立的智能型节电器及其他节能技术,控制空调频繁启动； (3)中央空调采用冷却塔节能节水技术； (4)中央空调采用冷凝器自动清洗系统； (5)空调采暖室内温度设置符合节能减排要求

续表

序号	部位和过程	清洁生产方案
4	给排水系统	(1)建筑面积在 $2\times10^4 \mathrm{m}^2$ 以上的商务办公楼宇建设中水设施,并且有效利用中水; (2)建立雨水收集利用系统,并且有效利用雨水; (3)卫生器具的给水额定流量、最低工作压力等符合《建筑给水排水设计规范》(GB 50015); (4)节水器具符合《节水型生活用水器具》(CJ/T 164),安装率达到 100%
5	照明系统	(1)非调光区节能灯使用率为 100%; (2)照明系统设计符合《建筑照明设计标准》(GB 50034); (3)节能灯符合《环境标志产品技术要求 照明光源》(HJ 2518); (4)电路安装智能型照明节电装置; (5)室外霓虹灯采用 LED 灯
6	电梯设备	选用节能电梯设备
7	环保型设备	(1)使用具有能效标识的设备; (2)制冷器具应符合《环境标志产品技术要求 家用制冷器具》(HJ/T 236)相关规定
8	消防设备	(1)消防器材必须使用清洁灭火剂,禁止使用哈龙-1211、哈龙-1301; (2)消防设备符合《环境标志产品技术要求 灭火器》(HJ/T 208)
9	办公设备/家具	(1)采用环保型办公设备; (2)使用环保办公家具、涂料,使空气质量符合《室内空气质量标准》(GB/T 18883)
10	能源计量器具	(1)计量器具配备符合《用能单位能源计量器具配备和管理通则》(GB 17167)要求; (2)冷热源、输配系统和照明等各部分能耗进行独立分项计量; (3)大功率电动机应单独安装电表
11	污水处理	含油污水排入环境水体必须建立隔油设施,达标后排放
12	垃圾处理	(1)垃圾分类收集,减少一次性消耗品的使用; (2)电池、墨盒等有毒废物应当分别单独收集,或委托专门的处理企业进行处理,办公用品循环利用
13	经营管理	(1)下班或无工作状态时及时关闭所有办公设备及电源; (2)在活动区域以告示、宣传牌等形式鼓励并引导绿色节能行为; (3)加强岗位人员的绩效考核,完善各项指标控制; (4)定期培训员工,培训包括思想教育、日常操作、启动、停机、清洗、维修、非正常条件情况下的应急处理

4.6　实施方案的确定阶段的技术要求

4.6.1　目的与要求

　　方案确定阶段需要：按技术评估→环境评估→经济评估的顺序对方案进行分析，技术评估不可行的方案，不必进行环境评估；环境评估不可行的方案，方案不可行，不必进行经济评估。技术评估应侧重于方案的先进性和适用性；环境评估应侧重于方案实施后可能对环境造成的不利影响（如污染物排放量增加、能源资源消耗量增加等）；经济评估应侧重于清洁生产经济效益的统计，包括直接效益和间接效益。

4.6.2　工作内容

　　市场调查需要进行市场需求调查和预测，确定备选方案和技术途径。
　　技术评估要求分析：工艺路线、技术设备的先进性和适用性；国家、行业相关政策的符合性；技术的成熟性、安全性和可靠性。
　　环境评估需要分析：能源结构和消耗量的变化；水资源消耗量的变化；原辅材料有毒有害物质含量的变化；废物产生量、排放量和毒性的变化，废物资源化利用变化情况；一次性消耗品减量化情况；操作环境是否对人体健康造成影响。
　　经济评估需要采用现金流量分析和财务动态获利性分析方法，评价指标应包括但不限于：投资偿还期；净现值；净现值率；内部收益率。
　　可实施方案推荐应当汇总比较各投资方案的技术、环境、经济评估结果，确定最佳可行的推荐方案。

4.7　清洁生产方案实施阶段的技术要求

4.7.1　目的和要求

　　清洁生产方案的实施程序与一般项目的实施程序相同，参照国家、地方或部门的有关规定执行。总结方案实施效果时，应比较实施前与实施后预期和实际取得的效果。总结方案实施对商务楼宇企业的影响时，应比较实施前后各种有关单耗指标和排放指标的变化。

4.7.2　工作内容

程序包括以下几项：

① 组织方案实施；

② 汇总已实施的无/低费方案的成果；

③ 通过技术评价、环境评价、经济评价和综合评价，评估已实施的中/高费方案的成果；

④ 通过汇总环境效益和经济效益，对比各项清洁生产目标的完成情况，评价清洁生产成果，分析总结已实施方案对企业的整体影响。

4.8　持续清洁生产阶段的技术要求

4.8.1　目的和要求

持续清洁生产阶段的主要目的是在商务楼宇内完善清洁生产管理体系，及时将审核成果纳入有关操作规程、技术规范和其他日常管理制度，巩固成效，持续推进。

4.8.2　工作内容

① 建立和完善清洁生产组织，明确职责、落实任务，并确定专人负责。

② 建立和完善清洁生产管理制度，把审核成果及时通知商务楼宇内各租户，并将其纳入商务楼宇的日常管理中；建立和完善租户-物业管理部门双向清洁生产激励机制；保证稳定的清洁生产资金来源，从企业内部、金融机构、政府财政等方面获取资金。

③ 制订持续清洁生产计划，包括：下一轮清洁生产审核工作计划；清洁生产方案的实施计划；清洁生产新技术的研究与开发计划，可包括但不限于中央空调节能技术、绿色照明技术、机电设备变频技术、智能化能源管理技术、中水回用技术、绿色办公、固体废物循环利用；清洁生产培训宣传计划等。

④ 编制清洁生产审核报告。编制清洁生产审核报告的目的在于总结本轮清洁生产审核成果，汇总分析各项调查、实测结果，寻找废物产生原因和清洁生产机会，实施并评估清洁生产方案，建立和完善持续推行清洁生产的机制。

4.9　清洁生产审核清单

根据商务楼宇行业的特点，从影响企业运营的 8 个方面给出了设计示例，为行业企业开展清洁生产审核检查清单的编写提供示范。表 4-3 为商务楼宇行业清洁生产审核的检查清单。检查清单应从原辅料、能源、技术工艺、设备、过程控制、产品、服务、污染物、管理、员工等方面进行设计。

表 4-3　商务楼宇清洁生产审核检查清单

序号	项目	检查结果
1	建筑年代；是否采取墙体保温措施	
2	是否使用清洁燃料	
3	是否使用国家明令淘汰的设备	
4	是否具有健全的设备维护保养制度，执行情况如何；"跑、冒、滴、漏"现象是否严重；职责是否明确到人	
5	各岗位是否有现行有效的操作规程；是否建立岗位责任制，执行情况如何；是否建立奖惩制度	
6	是否发生环境投诉事件	
7	给排水系统是否定期检查以防泄漏	
8	水管是否安装了水流控制器	
9	节水器具应用情况是否符合国家或地方要求	
10	绿化是否采取节水措施（如喷灌、滴灌等）	

续表

序号	项目	检查结果
11	是否有洗衣房;如有,是否使用无磷洗涤剂	
12	是否使用有能效标识的设备、级别	
13	如有中央空调,是否进行定期清洗;是否采用环保的清洗方式	
14	空气调节及采暖系统、供配电系统等是否采用节能措施	
15	照明灯具是否使用节能灯;是否使用白炽灯	
16	在满足舒适度的情况下,温度、亮度等是否调整以确保能源使用的最小化	
17	水、电等计量系统是否完备;是否工作正常	
18	消防设施是否使用清洁灭火剂	
19	是否有干洗机;如有,是否使用封闭式干洗机	
20	室内空气质量是否达标	
21	室内温度设置是否符合国家或地方相关规定	
22	是否有宣传措施,倡导绿色消费	
23	是否通过绿色建筑认证	
24	是否开展节能审计	
25	是否通过环境管理体系认证;是否通过质量管理体系认证	
26	是否制订长期的节能减排计划	
27	污水排放去向;执行什么标准	
28	中水处理采用哪种工艺;处理效果如何;中水回用率为多少	
29	是否使用可重复使用的卫生间盥洗用品及其容器	
30	垃圾是否分类收集	
31	噪声情况;减噪措施;执行什么标准	
32	员工操作技能、个人素质、环保意识如何	
33	全员是否有定期的培训机会和清洁生产培训内容	
34	是否有清洁生产建议收集、实施、奖励的机制	
35	办公用品回收与循环使用情况如何	

参考文献

[1] 周金泉,殷星兰.浅谈企业清洁生产与环境保护 [J].大众科技,2005 (8):149-151.

[2] 康慧萍.清洁生产是实现可持续发展的基础 [J].山西能源与节能,2006 (1):22-23.

［3］　刘小冲，杨勇，金文．论如何推进清洁生产与可持续发展［J］．西安航空技术高等专科学校学报，2006，24（1）：40-42.

［4］　孙大光，杨旭海．企业持续清洁生产的保障措施［J］．江苏环境科技，2004，17（2）：46-48.

［5］　田野．企业清洁生产应把握的关键环节［J］．环境科学与技术，2005，28：84-86.

［6］　叶新，李汉平．保障清洁生产审核取得成效的基本规范探讨［J］．环境污染与防治，2010，32（2）：106-109.

［7］　李庆华，尚艳红．清洁生产审核中绩效评价方法的探讨［J］．环境科学与管理，2007，32（8）：192-194.

［8］　刘玫．企业清洁生产审核的标准化探讨［J］．环境与可持续发展，2009，34（4）：1-3.

［9］　张继伟，李多松．清洁生产审核中方案的经济可行性评估解析［J］．中国石油大学学报（社会科学版），2008，24（4）：28-31.

第5章

商务楼宇行业清洁生产评价指标体系及评价方法

5.1 指标体系概述

《清洁生产评价指标体系 商务楼宇》（DB11/T 1257—2015）规定了建筑面积2万平方米及以上的商务楼宇清洁生产的评价指标体系、评价方法、指标解释与数据来源。

本标准适用于建筑面积2万平方米及以上商务楼宇清洁生产审核、评估和绩效评价。其他类型的办公楼、写字楼等可参照本标准执行。

5.2 指标体系技术内容

5.2.1 标准框架

《清洁生产评价指标体系 商务楼宇》（DB11/T 1257—2015）的制定参照了《清洁生产评价指标体系编制通则》（试行稿）（2013年第33号公告），其主要框架包括：a. 前言；b. 适用范围；c. 规范性引用文件；d. 术语和定义；e. 评价指标体系；f. 评价方法；g. 指标解释与数据来源；h. 参考文献。

5.2.2 技术内容

商务楼宇清洁生产评价指标项目、权重和基准值见表 5-1。

表 5-1 商务楼宇清洁生产评价指标项目、权重和基准值

一级指标	权重值	二级指标	单位	权重值	Ⅰ级基准值	Ⅱ级基准值	Ⅲ级基准值
装备要求	25	空气调节与采暖系统	—	2	风机、水泵、电动机选用高效节能型；变工况风机、水泵采用变频调速控制装置		
			—	1	采用清洁制冷剂，禁止使用 CFC-11、CFC-12、CFC-113 等国家规定的受控消耗臭氧层物质		
			—	1	空调采暖系统的冷热源机组能效比、锅炉热效率符合 GB 50189 相关规定		
		供配电系统	—	2	选用低损耗节能型变压器		
			—	1	合理装置无功率补偿设备，功率因数控制在 0.92 以上		功率因数控制在 0.9 以上
			—	1	用电分类计量及管理符合 DB11/T 624 中相关要求		
			—	1	用电定额符合 DB11/T 706 中用电定额的相关规定		
		照明系统	—	2	办公区域不使用非节能灯（包括 T8、T12 直管型荧光灯和白炽灯）		
			—	1	非调光区节能灯使用率达到 100%	非调光区节能灯使用率达到 80%	非调光区节能灯使用率达到 75%
			—	1	照明标准值符合 GB 50034 相关规定		
			—	1	公共区域场所的照明功率密度值不高于 GB 50034 规定的目标值		公共区域场所的照明功率密度值不高于 GB 50034 规定的现行值
		给排水系统	—	2	节水器具符合 CJ 164，安装率达到 100%	节水器具安装率达到 85%	节水器具安装率达到 80%
			—	1	卫生器具的给水额定流量、最低工作压力等符合 GB 50015		
			—	1	建筑中水运行管理符合 DB11/T 348 中相关规定		
			—	1	建立雨水收集利用系统，并且有效利用雨水		
		消防系统	—	1	消防器材必须使用清洁灭火器和灭火系统		
		楼宇其他自控系统	—	2	楼宇消防报警系统、保安监控系统、电梯、自动扶梯等采用节能、节电设施，并纳入楼宇 BAS（building automation system）自动化管理系统		

续表

一级指标	权重值	二级指标	单位	权重值	Ⅰ级基准值	Ⅱ级基准值	Ⅲ级基准值
装备要求	25	用电设备	—	1	具有能效标识的设备达到等级 1	具有能效标识的设备达到等级 2	
			—	1	其他用电设备采用节能环保型设备		
		节能门窗	—	1	选用符合 GB 50411 验收规范的节能门窗		
资源能源消耗指标	25	单位建筑面积综合能耗（按标煤计）	kg /(m²·a)	10	20	22	24
		单位建筑面积取水量	m³ /(m²·a)	10	1.0	1.2	1.5
		废弃办公用品回收利用率	%	2	85	80	75
		间接冷却水循环率	%	3	98	97	95
污染物产生指标	15	废水产生量	m³ /(m²·a)	5	0.9	1.1	1.3
		化学需氧量（COD）产生量	kg /(m²·a)	5	0.27	0.33	0.40
		地下停车场汽车尾气污染物排放		5	符合国家和本市规定的排放速率和排放浓度标准		
服务要求	5	绿色宣传	—	3	建立定期总结的绿色宣传、清洁生产学习培训制度，要求物业管理工作人员达到参与人员数量的 80% 以上，对承租客户进行定期宣传		
			—	2	对承租客户节约、环保消费行为提供一定的鼓励措施		
清洁生产管理指标	30	执行国家、行业及地方标准相关情况①	—	3	符合国家和本市有关环境法律、法规，废水排放执行 DB11/307，锅炉废气排放执行 DB11/139，餐饮油烟排放执行 GB 18483，噪声执行 GB 22337		
			—	3	符合国家和本市相关产业政策，不使用国家和本市明令淘汰的落后装备；如使用明令限期淘汰的装备，应列入整改计划		
		环境审核	—	2	按照《清洁生产审核暂行办法》开展清洁生产审核，有完善的清洁生产管理机构，并持续开展清洁生产		
			—	2	按照 GB/T 24001 建立环境管理体系，并取得认证	环境管理手册、程序文件及作业文件齐全	

续表

一级指标	权重值	二级指标	单位	权重值	Ⅰ级基准值	Ⅱ级基准值	Ⅲ级基准值
清洁生产管理指标	30	组织机构	—	1	设置环境、能源管理岗位,实行环境、能源管理岗位责任制。重点用能系统、设备的操作岗位应当配备专业技术人员		设置环境、能源管理人员
		管理制度	—	1	有明确环境目标和行动措施;有健全的公共安全、节能降耗、环保规章制度;有定期检查目标实现情况及规章制度执行情况的记录		
		能源管理	—	1	按照 GB/T 23331 建立能源管理体系,并取得认证	能源管理手册、程序文件及作业文件齐全	
			—	1	能源计量器具配备符合 GB 17167 三级计量要求	能源计量器具配备符合 GB 17167 二级计量要求	
			—	1	通过能源审计		
			—	1	具有能源利用状况体系报告,定期开展能量平衡测试		
			—	1	使用地源热泵、太阳能等新能源设备		
			—	1	采暖用热计量及管理符合 DB11/T 625 中的相关要求		
		节水管理	—	1	按照 GB/T 12452 规定,2 年进行一次水平衡测试	按照 GB/T 12452 规定,5 年进行一次水平衡测试	
		环境管理	原材料与消费品	—	1	装饰装修材料符合 GB 18580、GB 18581、GB 18582、GB 18583、GB 18584、GB 18585、GB 18586、GB 18587、GB 18597 的相关规定		
			—	1	使用高效环保洗涤剂		
			—	1	使用无磷洗涤用品		
			—	1	不使用化学杀虫剂、杀菌剂和杀真菌剂		
		废物管理	—	1	一般固体废物按照 GB 18599 相关规定执行;危险废物按照 GB 18597 相关规定执行①		
			—	1	建立垃圾分类收集设备,在显著位置宣传垃圾分类回收		
			—	1	中水设施产生的污泥委托专门的处理企业进行处理		
		绿化管理	—	1	实现无裸露地面,可绿化地面应 100％绿化,鼓励垂直绿化及屋顶绿化		
			—	1	绿地、树木、花卉应使用滴灌、微喷等先进的节水灌溉方式;绿化用水量符合当地取水定额		
		相关方能源环境管理	—	1	建立采购人员和供应商监控体系,选用环保产品,实行绿色办公用品采购		
			—	1	对第三方物流企业、承租客户提出能源环保管理要求,符合相关法律、法规、标准的要求		

① 限定性指标。

5.3　指标体系技术依据

5.3.1　装备要求

5.3.1.1　空气调节与采暖系统

《公共建筑节能设计标准》（GB 50189）第 5.4.5 规定：电机驱动压缩机的蒸汽压缩循环冷水（热泵）机组，在额定制冷工况和规定条件下，性能系数（COP）不应低于下表的规定。标准中装备要求的具体内容如表 5-2 所列。

表 5-2　冷水（热泵）机组制冷性能系数

类型		额定制冷量/kW	性能系数（W/W）
水冷	活塞式/涡旋式	＜528	3.8
		528～1163	4.0
		＞1163	4.2
	螺杆式	＜528	4.10
		528～1163	4.30
		＞1163	4.60
	离心式	＜528	4.40
		528～1163	4.70
		＞1163	5.10
风冷或蒸发冷却	活塞式/涡旋式	≤50	2.40
		＞50	2.60
	螺杆式	≤50	2.60
		＞50	2.80

《公共建筑节能设计标准》（GB 50189）第 5.4.8 条规定：名义制冷量大于 7100W、采用电机驱动压缩机的单元式空气调节机、风管送风式和屋顶式空气调节机组时，在名义制冷工况和规定条件下，其能效比（EER）不应低于表 5-3 的规定。

《公共建筑节能设计标准》（GB 50189）第 5.4.9 内容规定：蒸汽、热水型溴化锂吸收式冷水机组及直燃型溴化锂吸收式冷（温）水机组应选用能量调节装置灵敏、可靠的机型，在名义工况下的性能参数应符合

表 5-4 的规定。

表 5-3 单元式机组能效比

类型		能效比（W/W）
风冷式	不接风管	2.60
	接风管	2.30
水冷式	不接风管	3.00
	接风管	2.70

表 5-4 溴化锂吸收式机组性能参数

机型	名义工况			性能参数		
	冷（温）水进/出口温度/℃	冷却水进/出口温度/℃	蒸汽压力/MPa	单位制冷量蒸汽耗量/[kg/(kW·h)]	性能系数（W/W）	
					制冷	供热
蒸汽双效	18/13	30/35	0.25	≤1.40		
	12/7		0.4			
			0.6	≤1.31		
			0.8	≤1.28		
直燃	供冷 12/7	30/35			≥1.10	
	供热出口 60					≥0.90

注：直燃机的性能系数为：制冷量（供热量）/［加热源消耗量（以低位热值计）＋电力消耗量（折算成一次能）］。

《公共建筑节能设计标准》（GB 50189）第 5.4.3 规定：锅炉额定热效率应符合表 5-5 的规定。

表 5-5 锅炉额定热效率

锅炉类型	热效率/%
燃煤（Ⅱ类烟煤）蒸汽、热水锅炉	78
燃油、燃气蒸汽、热水锅炉	89

因此，标准规定了以下内容。

① 风机、水泵、电动机选用高效节能型；变工况风机、水泵采用变频调速控制装置。

② 更新空调时必须采用清洁制冷剂，禁止使用 CFC-11、CFC-12、CFC-113 等国家规定的受控消耗臭氧层物质。

③ 空调采暖系统的冷热源机组能效比、锅炉热效率符合 GB 50189 的相关规定。

5.3.1.2　供配电系统

（1）变压器选型

变压器选型包括容量的确定和型号的选择两个内容。

变压器的损耗包括两部分：一部分为铁损，又称空载损耗，基本是衡定值，只因受电压的变化而略有变化；另一部分是铜损，又称负载损耗，它与负载电流大小的平方值成正比，所以是个变量。变压器有高损耗变压器与低损耗变压器之分，后者损耗小，主要是由于降低了铁损，铜损值一般减少不多。另外，为了满足电网和用电户的需要，还有带负载调压的变压器，它的铁损耗值比相同规格的略高。

（2）**功率因数**

提高功率因数最常用和最简单的方法为加装无功补偿装置——电力电容器。可把电容器置于变压器旁，对变压器本身所消耗的无功进行补偿。补偿包括绕组损耗和铁芯损耗两部分，其中绕组损耗随负荷变化而变化，因此无功补偿的容量不应是固定的，而应是自动调整的。也可以把它置于电动机旁进行随机补偿，使无功功率就地平衡。因随机补偿容量小，资金投入少，运行维护简单，所以是个好办法。

标准中，Ⅰ级基准值、Ⅱ级基准值规定：合理装置无功率补偿设备，用电功率因数控制在 0.92 以上。Ⅲ级基准值规定：功率因数控制在 0.9 以上。

5.3.1.3　照明系统

对某大厦分别对 6 只 T8 灯管和 6 只 T5 灯管同时进行耗电测试。测试时间 51.3h。测试结果：T5 灯管在测试期耗电 6.4kW·h，T8 灯管在测试期耗电 13.1kW·h。T5 灯管比 T8 灯管节省电量 51%。

通过测试，T8 单只灯管实耗电功率为：13.1kW·h÷51.3h÷6 只＝

42.56W/只。

T5 单只灯管实耗电功率为：6.4kW·h÷51.3h÷6 只＝20.79W/只。

T5 灯管与 T8 灯管参数对比见表 5-6。

表 5-6　T5 灯管与 T8 灯管参数对比

比较项目	T5 超级节能荧光灯	T8 灯管
功耗	22W	36W
功率因数	0.98	0.55
电流	0.43A	0.13A
光通量	2100lm	2200lm
光效	95lm/W	61lm/W
使用寿命	12000h	3000～5000h
显色性	85	62
荧光粉	稀土三基色	普通卤粉

5.3.1.4　给排水系统

本标准规定如下。

① 卫生器具的给水额定流量、最低工作压力等符合《建筑给水排水设计规范》（GB 50015）。

② 建筑面积 2 万平方米以上的商务楼宇建设中水设施，并且有效利用中水，建筑中水运行管理符合《建筑中水运行管理规范》（DB11/T 348）中的相关规定。

国家和部分城市对中水设施进行了规定，部分内容如下。

《建设部关于发布〈城市中水设施管理暂行办法〉的通知》（1995 年 12 月 8 日建城字第 713 号文发布）规定：中水设施建设根据建筑面积和中水回用水量（中水设施建设规模）规定，具体办法由县级以上地方人民政府规定。但应当符合以下要求：宾（旅）馆、饭店、商店、公寓、综合性服务楼及高层住宅等建筑的建筑面积在 2 万平方米以上。

《关于加强中水设施建设管理的通告》（发布单位：北京市市政管理委员会、北京市规划委员会、北京市建设委员会，2001 年 6 月 29 日）中规定：建筑面积 2 万平方米以上的宾馆、饭店、公寓等必须建设中水设施。

因此，本标准规定：建筑面积在 2 万平方米以上的商务楼宇建设中水设施，中水运行管理符合《建筑中水运行管理规范》（DB11/T 348）。

中水水源应根据排水的水质、水量、排水状况和中水回用的水质、水量选定。

建筑物中水水源可选择的种类和选取顺序为：盥洗排水、空调循环冷却系统排污水、冷凝水、冲厕排水。

建立雨水收集系统，并且有效利用雨水。

部分城市对雨水收集设施进行了规定，部分内容如下。

《关于加强建设工程用地内雨水资源利用的暂行规定》（市规发〔2003〕258 号）中规定：凡在本市行政区域内，新建、改建、扩建工程（含各类建筑物、广场、停车场、道路、桥梁和其他构筑物等建设工程设施，以下统称为建设工程）均应进行雨水利用工程设计和建设。按照本市有关规定，建设中水利用设施的新、改、扩建设工程，必须同时考虑建设雨水利用设施。

《南京市城市供水和节约用水管理条例》（南京市人民代表大会常务委员会公告第 6 号）中规定：规划用地面积 2 万平方米以上的新建建筑物应当配套建设雨水收集利用系统。已建成雨污分流排水系统的小区应当创造条件建立雨水收集利用系统。

城市雨水利用有以下几种方式。

① 从屋面、周围道路、广场收集雨水，流入地下储水池做简单处理，用于家庭、公共和工业等方面的非饮用水，如浇灌、冲厕、洗衣、冲洗路面、冷却循环等；

② 采用屋顶绿化的形式留住雨水，削减径流量，减轻城市排水管网压力，减轻污染，缓解城市热岛效应，调节建筑温度，美化城市；

③ 花园小区雨水集蓄利用，绿地入渗，维护绿地面积，同时回灌地下水；

④ 选址进行雨洪回灌，人工补给地下水。

5.3.1.5　消防系统

哈龙 1301（商用名称为 1301；符号为 Halon1301；分子式为 CF_3Br）

主要是通过打破燃烧过程中的一系列化学反应达到灭火目的的。性能：灭火浓度5%；臭氧消耗潜能值ODP（对臭氧层的影响性）为16；温室效应期为2；大气留存期为160年；储存压力为25bar（1bar＝10^5Pa）。

我国也已加入了蒙特利尔公约，并承诺在2005年停止生产和使用1211灭火剂和灭火系统，2010年停止生产和使用1301灭火剂和灭火系统。

因此，本标准规定：消防器材必须使用环保型灭火器和灭火系统。

5.3.1.6　能效标识设备

高能耗的电器带来了巨大的能源消耗，同时也加重了对环境的污染。世界各国都通过制定和实施能效标准、推广能效标识制度来提高用能产品的能源效率，促进节能技术进步，进而减少有害物的排放和保护环境。作为清洁生产企业，应使用具有能效标识的节能产品。

能效标识分为1、2、3、4、5共5个等级。等级1表示产品达到国际先进水平，最节电，即耗能最低；等级2表示比较节电；等级3表示产品的能源效率为我国市场的平均水平；等级4表示产品能源效率低于市场平均水平；等级5是市场准入指标，低于该等级要求的产品不允许生产和销售。

本标准规定Ⅰ级、Ⅱ级基准值：等级1、等级2设备使用率≥80%；Ⅲ级基准值：等级1、等级2设备使用率≥60%。

5.3.2　资源能源消耗指标

5.3.2.1　综合能耗

（1）北京市商务楼宇综合能耗现状

对北京市10家大型商务楼宇进行调研，计算其单位面积年综合能耗，如图5-1所示。由图可知，调研商务楼宇综合能耗最大值为29.3kgce/（m^2·a），最小值为11.93kgce/（m^2·a），平均综合能耗为20.12kgce/（m^2·a）。

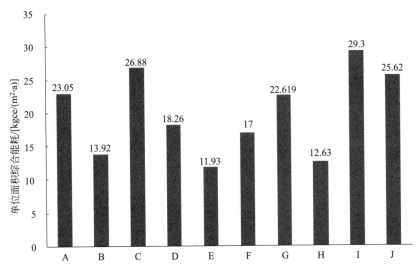

图 5-1   北京市大型商务楼宇综合能耗

除北京外，我国其他城市公共建筑能耗调查结果如表 5-7 所列。

表 5-7   我国其他城市公共建筑能耗调查结果

城市	公共建筑能耗情况
上海	对上海 9 幢写字楼调研的结果表明:办公楼的最大平均能耗量与最小平均能耗量相差 2.21 倍,平均能耗量为 61.45kgce/(m² · a)
深圳	对 15 幢高层办公建筑调查显示:写字楼的单位面积能耗最小值为 18.4kgce/(m² · a),最大值为 31kgce/(m² · a),平均值为 24.7kgce/(m² · a),其中空调、照明、办公设备能耗占总能耗的 30%
天津	对 10 座公共建筑进行调研,单位建筑面积能耗最小值为 19.46kgce/(m² · a),最大值为 29.36kgce/(m² · a),平均能耗为 22kgce/(m² · a)
武汉	对 9 幢大楼的全年能耗进行调查和现场测试,建筑能耗为 13.17～50kgce/(m² · a),平均能耗为 23kgce/(m² · a),最大的建筑能耗与最小建筑能耗相差 6.68 倍,空调能耗占总能耗的 22.3%～79.4%
香港	16000 幢大型公共建筑能耗占全港能耗的 30%,其中空调系统占建筑能耗的 43%,办公设备占 17%,电梯扶梯占 7%,照明占 33%

（2）商务楼宇综合能耗发展趋势

由于可持续发展观念和"低碳"意识的不断增强，加之可以产生客观的直接经济效益，能源审计、节能改造、合同能源管理、LEED 认证等在商务楼宇行业快速开展，其中能源审计和节能改造主要关注供暖、制冷、照明、给排水等主要耗能设备与系统的能耗指标等多个方面。此外，越来越多的客户更倾向于选择已获取"绿色建筑""LEED建筑"等绿色认证体系的商务楼宇。这些客观和主观因素都促使以商务楼宇为载体的楼宇经济节能降耗工作的开展。

《北京市"十二五"产业发展与空间布局调整规划》指出要加快金融服务创新，重点开发面向中关村科技园区高成长企业的投融资服务、面向奥运工程和城市基础设施建设的投融资服务、面向城市中高收入阶层的投资服务等金融创新服务品种；推进三大功能区建设，把金融街建成全国金融管理中心，把CBD建成国际金融资源集聚区，把中关村高新技术产业金融区建成高技术产业与金融业的结合区。

根据北京市商务办公楼宇发展的趋势和特点分析，商务楼宇综合能耗将呈现以下趋势。

① 随着全市城市建设的发展，商务楼宇作为现代城市经济发展的重要载体，其数量、规模将不断扩大，现代化程度将更高，在其行业生产总量迅速增长的情形下，将使行业综合能耗总量呈增长趋势。

② 随着商务楼宇入住企业和物业管理企业能源审计、节能改造、LEED认证等工作的开展，单位面积商务楼宇综合能耗将会出现一定的下降趋势。

(3) 商务办公楼宇行业综合能耗典型调查

鉴于商务办公楼宇在北京市数量比较多，规模比较大，统计数据较多，选择6个商务楼宇进行综合能耗的调研。

这里采用2010年1月～2013年12月的年度调查数据作为商务办公楼宇综合能耗的数据来源。

对典型调查数据分别计算其最大值、最小值、中位值和平均值，结果如表5-8所列。

(4) 参考国家或地方相关标准

北京市地方标准《公共机构办公建筑用电和采暖用热定额》（DB11/T 706—2010）中规定了北京市国家机关办公建筑用电和采暖用热的定额指标，如表5-9所列。

表 5-8　商务办公楼宇综合能耗调查数据汇总

类别	单位综合能耗			
	最大值	最小值	中位值	平均值
月度值/[kgce/(m² · 月)]	2.73	1.27	2.36	1.96
年度值/[kgce/(m² · a)]	33.10	11.93	22.81	23.65

表 5-9　分项用电定额值

单位：kW · h/(m² · a)

分项定额名称	冷源/热源形式	分项定额值	备注
建筑空调用电定额	冷水机组	14.9	包括冷源和输配系统(含制冷机、冷却水塔、冷却水泵、冷冻水泵及附属设备等)的用电量,不含空调末端用电
	直燃机	9.7	
	多联机空调	—	
	热泵	—	
	分体空调	6.5	
建筑采暖用电定额	市政和区域用热站	4.6	采暖系统中热源和输配系统(含锅炉、采暖循环泵及附属设备等)的用电量,不含末端设备用电量
	燃煤、燃气、燃油锅炉	—	
	直燃机	5.0	
	多联机空调	—	
	热泵	—	
建筑其他常规用电定额		68.4	包括照明系统、室内设备、常规动力和空调采暖末端等系统和设备的用电量

北京市国家机关办公建筑采暖用热定额值如表 5-10 所列。

表 5-10　国家机关办公建筑采暖用热定额值

单位：GJ/(m² · a)

定额名称	定额值
国家机关办公建筑采暖用热定额	0.35

定额使用原则包括以下几条。

① 对于采用一种以上空调、采暖系统形式的国家机关,应根据各系统对应的建筑面积分别对分项用电量指标和采暖用热量指标进行计算。

② 定额的计算应以年度为阶段,时间段应包含一个完整的空调季和

采暖季，宜采用前一年4月至次年3月或前一年11月至次年10月作为一个定额计算周期。

③ 对于夏季制冷和冬季采暖使用相同冷热源设备的单位，空调用电量和采暖用电量应按时间段统计，空调用电时间为4～10月，采暖用电时间为11月至次年3月。

根据《公共机构办公建筑用电和采暖用热定额》（DB11/T 706）中的相关规定，计算北京市公共机构办公建筑单位面积综合能耗为22.75 $kW \cdot h/(m^2 \cdot a)$。

（5）北京市商务楼宇综合能耗定额

在对北京市商务楼宇现状、典型调研的基础上，借鉴北京市相关地方标准，结合北京市未来楼宇经济发展趋势及"低碳"理念的不断深入，本标准规定的单位建筑面积综合能耗如表5-11所列。

表5-11　综合能耗限额指标　　单位：$kgce/(m^2 \cdot a)$

指标名称	Ⅰ级基准值	Ⅱ级基准值	Ⅲ级基准值
单位面积综合能耗	20	22	24

5.3.2.2　单位面积取水量

（1）北京市商务楼宇用水现状

对北京市11座大型商务楼宇进行调研，调研数据如表5-12所列。

表5-12　北京市大型商务楼宇连续三年水耗调查数据

单位	用水量/m^3	建筑总面积/m^2
A	100666	58966
	105817	58966
	54926	58966
B	341244	120000
	369619	120000
	186242	120000
C	60535	120000
	106717	120000
	65515	120000

续表

单位	用水量/m³	建筑总面积/m²
	619636	125000
D	647069.62	125000
	243086	125000
	47224	68083
E	49247	68083
	22314	68083
	288854	130000
F	272164	130000
	153052	130000
	381654	315561
G	371376	315561
	159925	315561
	298144	130000
H	262240	130000
	113004	130000
	43972	49065.9
I	42894	49065.9
	43970	49065.9
	158737	96000
J	156237.8	96000
	108358.0	96000
	75127	98853
K	68702	98853
	38145	98853

由表 5-12 可知，5% 的商务楼宇（A、B、C、D、E）的总用水量整体呈现上涨趋势，其中以 C 商务楼宇尤为突出，用水量增加了 46182m³，F、G、H、I、J、K 商务楼宇用水量有下降趋势。

（2）商务楼宇及用水发展趋势

商务办公楼宇的节水意识一般较强。随着可持续发展观念在经济领域的不断深化和发展，在商务办公楼宇的经济活动中越来越强调企业的环境意识和社会责任意识，并有逐步形成新一轮"绿色行为准则"的趋势。企业社会责任的内容广泛，在以商务办公楼宇为载体的产业中，"环保设计""绿色创造""绿色办公"是重要的组成部分，而其中很重要的一项评价指标就是工作场所对能源、水资源的消耗水平。这些发展变化都促使建筑投资者越来越倾向于获取"绿色建筑""LEED 建筑"等绿色建筑体系的认证，从而自然地提高节水意识，促进现代产业节水工作的开展。

根据以上本市商务办公楼宇发展的趋势和特点分析，商务楼宇用水将呈现以下趋势。

① 随着全市城市建设的发展，商务楼宇作为现代城市经济发展的重要载体，其数量、规模将不断扩大，现代化程度将更高，在其行业生产总量迅速增长的情形下，将使行业用水总量呈增长趋势。

② 随着商务楼宇入住企业和物业管理企业开展绿色办公、绿色建筑、节能减排，加强节水用水管理工作，单位商务楼宇面积的用水量将会出现一定的下降趋势。

（3）商务办公楼宇行业用水典型调查

鉴于商务办公楼宇在北京市数量比较多，规模比较大，统计数据较多，选择 6 个商务楼宇进行取水量的调研。

对典型调查数据分别计算其最大值、最小值、中位值和平均值，结果如表 5-13 所列。

表 5-13　商务办公楼宇取水量调查数据汇总

序号	单位面积取水量			
	最大值	最小值	中位值	平均值
月度值/$[m^3/(m^2 \cdot 月)]$	0.1047	0.0484	0.0679	0.07156
年度值/$[m^3/(m^2 \cdot a)]$	5.1765	0.5044	1.6535	1.9699

（4）参考国家或地方相关标准

北京市地方标准《公共生活取水定额 第 6 部分：写字楼》（DB11/T 554.6）中规定的写字楼取水定额如表 5-14 所列。

部分相近省市的用水定额标准如表 5-15 所列。

表 5-14 　 写字楼单位面积取水定额值

单位：$m^3/(m^2 \cdot a)$

空调类型	取水定额值
水冷中央空调	1.0
非水冷中央空调	0.9

表 5-15 　 其他省市用水定额

序号	省市	定额值	备注
1	黑龙江省(2000)	办公楼：只有上水龙头，20L/(人·d)	
2	河北省(2001)	新建写字楼和综合楼：1.5m³/m² 办公楼：只有上水龙头，20L/(人·d)； 有上下水龙头和公共卫生间，80L/(人·d)； 有上下水龙头、公共卫生间和淋浴设备，120L/(人·d)	
3	四川省(2002)	办公楼：50L/(人·d)	
4	辽宁省(2003)	高档：30～40L/(人·d)	
5	甘肃省(2003)	商店：一般商店，1m³/万元； 大中型购物商厦，20m³/万元	
6	内蒙古自治区(2003)	办公楼：只有上水龙头，20L/(人·d)； 有上下水龙头和公共卫生间，80L/(人·d)； 有上下水龙头、公共卫生间和淋浴设备，100L/(人·d)	
7	天津市(2003)	商场、超市面积： <1000m²，2L/(m²·d)； 1000～5000m²，8L/(m²·d)； 5000～10000m²，11L/(m²·d)； 10000～20000m²，13L/(m²·d)	
8	陕西省(试行)	大型商场：5L/(人·次) 中型商场：3L/(人·次) 小型商场：2L/(人·次)	不分区域
9	吉林省(2004)	餐饮：食堂 20L/(人·次)； 营业饭店：一般，20～25L/(人·次)； 中档，30L/(人·次) 高档，50L/(人·次)	
10	浙江省(2004)	商场、超市、专业商场面积： <1000m²，0.2m³/(m²·月)； 1000～5000m²，0.2L/(m²·月)； 5000m² 以上，0.35L/(m²·d)	
11	江苏省(2005)	20000m² 以上：9L/(m²·d)	

续表

序号	省市	定额值	备注
12	河南省(2009)	商场:3L/(m² · d)(调节系数 0.9～1.2) 饮食业:非营业性食堂,15L/(人 · 次); 一般经营性饭店,15L/(人 · 次); 中档经营性饭店,25L/(人 · 次); 高档经营性饭店,30L/(人 · 次); 冷饮店:7L/(m² · d)(按建筑面积,调节系数 1.0～1.3)	调节系数 1.0～1.5
13	上海(2012)	商务办公楼宇行业的办公区用水定额基准值=0.1072m³/(m² · 月)	调节系数 0.5

（5）北京市商务楼宇取水量

在对北京市商务楼宇现状、典型调研的基础上，借鉴北京市相关地方标准，结合北京市未来楼宇经济发展趋势及"低碳"理念的不断深入，本标准规定北京市商务楼宇单位建筑面积取水量如表 5-16 所列。

表 5-16   商务楼宇单位面积取水量

指标名称	Ⅰ级基准值	Ⅱ级基准值	Ⅲ级基准值
单位建筑面积取水量/[m³/(m² · a)]	1.0	1.2	1.5

5.3.3 污染物产生指标

5.3.3.1 单位建筑面积废水产生量

商务楼宇废水以生活污水为主，还包括少量餐饮废水、洗衣废水、空调冷却水及排污水等。生活污水主要为盥洗水和冲厕水等。

根据调查的实际情况，废水产生量按取水量的 90％计算。本标准规定的单位建筑面积废水产生量如表 5-17 所列。

表 5-17   单位建筑面积废水产生量

单位：m³/(m² · a)

指标名称	Ⅰ级基准值	Ⅱ级基准值	Ⅲ级基准值
废水产生量	0.9	1.1	1.3

5.3.3.2　污染物产生指标

商务楼宇行业的废水大都经过化粪池、隔油池处理后外排，对环境造成一定的影响。而在商务楼宇的环境管理中往往忽视了化粪池、厨房、隔油沉渣池的管理，因此，商务楼宇废水中虽然 COD_{Cr} 值小，但值波动范围大。建筑中水设计规范对各类建筑物各种排水的污染浓度要求如表 5-18 所列。

表 5-18　商务楼宇排水污染浓度　　　　单位：mg/L

类别	办公楼			
	BOD	COD	SS	NH$_3$-N
平均值	227	300	227	15

根据废水产生量和污染物产生浓度确定污染物产生量。本标准规定化学需氧量（COD）、氨氮（NH$_3$-N）的产生量如表 5-19 所列。

表 5-19　商务楼宇 COD、氨氮产生量

指标名称	Ⅰ级基准值	Ⅱ级基准值	Ⅲ级基准值
化学需氧量(COD)产生量/[kg/(m^2·a)]	0.27	0.33	0.40
氨氮(NH$_3$-N)产生量/[g/(m^2·a)]	13	17	20

5.3.4　服务要求

目前，办公写字楼推行清洁生产，实现节能减排，很大程度上取决于承租客户。因此，必须积极采取各种宣传和鼓励措施，引导承租客户绿色消费行为。因此，本标准规定了以下内容。

① 针对承租商户定期开展清洁生产宣传培训，承租商户参与数量达 80% 以上。

② 宣传垃圾分类回收，设立垃圾分类收集设施。

③ 制定废旧办公用品回收置换制度。

④ 制定承租客户节能、节水制度。

5.3.5 清洁生产管理指标

5.3.5.1 能源管理

公共建筑的能源消耗情况较复杂，以空调系统为例，其组成包括冷冻机、冷冻水泵、冷却水泵、冷却塔、空调箱、风机盘管等。由于承租客户自付电费的原因，目前商务楼宇内电表安装分布比宾馆饭店等大型建筑更为合理，但商务楼宇内一些大功率用能设备还不能实现分项计量，不利于各类系统设备的能耗分布，难以发现能耗不合理之处。

《北京市用水单位水量平衡测试管理规定》（京政办发〔1988〕47号）规定：月均取水量在2000t以上（含2000t）的用水单位，均应进行水量平衡测试。目前，许多大厦水表计量不全，难以有效开展水平衡测试工作。

因此，本标准规定了以下内容。

① Ⅰ级基准值、Ⅱ级基准值：按照《能源管理体系　要求》（GB/T 23331）建立能源管理体系，并取得认证。Ⅲ级基准值：能源管理手册、程序文件及作业文件齐全。

② 用水计量器具配备情况符合《用水单位计量器具配备和管理通则》（GB 24789）；用电计量器具配备情况符合《公共机构办公建筑用电分类计量技术要求》（DB11/T 624）；采暖用热器具配备情况符合《公共机构办公建筑采暖用热计量技术要求》（DB11/T 625）。

③ 具有能源利用状况体系报告，定期开展能量平衡测试。

5.3.5.2 环境管理

（1）原材料与消费品

由于过度装修以及使用劣质材料，有可能造成室内污染，从控制室内污染源角度出发，本标准规定：在装修阶段应选用有害物质含量达标的装饰装修材料，防止由于选材不当造成室内空气污染。

装饰装修材料主要包括石材、人造板及其制品、建筑涂料、溶剂型木器涂料、胶黏剂、木制家具、壁纸、聚氯乙烯卷材地板、地毯、地毯衬垫及地毯胶黏剂等。装饰装修材料中的有害物质是指甲醛、挥发性有机化合物（VOCs）、苯、甲苯、二甲苯、游离甲苯、二异氰酸酯及放射性核素等。国家颁布了九项建筑材料有害物质限量的标准（GB 18580～GB 18588），宾馆饭店选用的建筑材料中的有害物质含量必须符合下列国家标准：《室内装饰装修材料 人造板及其制品中甲醛释放限量》（GB 18580）；《室内装饰装修材料 溶剂型木器涂料中有害物质限量》（GB 18581）；《室内装饰装修材料 内墙涂料中有害物质限量》（GB 18582）；《室内装饰装修材料 胶粘剂中有害物质限量》（GB 18583）；《室内装饰装修材料 木家具中有害物质限量》（GB 18584）；《室内装饰装修材料 壁纸中有害物质限量》（GB 18585）；《室内装饰装修材料 聚氯乙烯卷材地板中有害物质限量》（GB 18586）；《室内装饰装修材料 地毯、地毯衬垫及地毯胶粘剂有害物质释放限量》（GB 18587）。

本条的评价方法为查阅由具有资质的第三方检验机构出具的产品检验报告。

（2）废物管理

本标准规定了以下内容。

① 一般固体废物按照 GB 18599 相关规定执行；危险废物按照 GB 18597 相关规定执行。

② 中水设施产生的污泥委托专门的处理企业进行处理。

（3）绿化管理

绿化灌溉鼓励采用喷灌、微灌、渗灌、低压管灌等节水灌溉方式；鼓励采用湿度传感器或根据气候变化的调节控制器；为增加雨水渗透量和减少灌溉量，对绿地来说，鼓励选用兼具渗透和排放两种功能的渗透性排水管。

目前普遍采用的绿化灌溉方式是喷灌，即利用专门的设备（动力机、水泵、管道等）把水加压，或利用水的自然落差将有压水送到灌溉地段，通过喷洒器（喷头）喷射到空中散成细小的水滴，均匀地散布，比地面漫灌要省水 30%～50%。喷灌要在风力小时进行。当采用再生水灌溉时，因水中微生物在空气中易传播，应避免采用喷灌方式。

微灌包括滴灌、微喷灌、涌流灌和地下渗灌，它是通过低压管道和滴头或其他灌水器，以持续、均匀和受控的方式向植物根系输送所需水分，比地面漫灌省水 50％～70％，比喷灌省水 15％～20％。微灌的灌水器孔径很小，易堵塞。微灌的用水一般都应进行净化处理，先经过沉淀除去大颗粒泥沙，再进行过滤，除去细小颗粒的杂质等，特殊情况还需进行化学处理。

本标准规定了以下内容。

① 实现无裸露地面，可绿化地面应 100％绿化，鼓励垂直绿化及屋顶绿化。

② 绿地、树木、花卉应使用滴灌、微喷灌等先进的节水灌溉方式，绿化用水量符合当地取水定额。

5.4 评价示例分析及应用

5.4.1 验证案例一

某公司负责 A 大厦和 B 大厦的物业管理工作。其中，A 大厦地上 23 层，地下 3 层，总建筑面积 42754m²，大厦有不同面积、不同规格的写字间 200 间。B 大厦占地面积 1835m²，总建筑面积 5.61×10⁴m²。大厦共有客户 54 家，出租率 89.24％。

某公司清洁生产现状经与《清洁生产评价指标体系 商务楼宇》对比计算，清洁生产得分为 84.98 分，达到了清洁生产先进水平，具体如表 5-20 所列。

5.4.2 验证案例二

某大厦占地面积 4.4hm²（1hm²＝10000m²），建设用地 2.2hm²，总建筑面积 19.4×10⁴m²。该大厦为 80～120 家公司提供办公地点，可容纳 5000 名员工；以写字楼出租为主，同时提供餐饮、小商品、商务、邮政、会议室、库房、停车等多种配套服务设施。目前，租户共计 45 家，以金融、投资与资产管理为主。

针对某大厦清洁生产现状经与《清洁生产评价指标体系 商务楼宇》对比计算，清洁生产得分为 94.725 分，达到了清洁生产领先水平，具体如表 5-21 所列。

表 5-20　与《清洁生产评价指标体系 商务楼宇》对比分析结果

一级指标	权重值	二级指标	单位	权重值	Ⅰ级基准值	Ⅱ级基准值	Ⅲ级基准值	现状	企业得分/分
装备要求	25	空气调节与采暖系统	—	2	采用清洁制冷剂,禁止使用 CFC-11,CFC-12,CFC-113 等国家规定的受控消耗臭氧层物质		风机、水泵、电动机选用高效节能型;变工况风机、水泵采用变频调速控制装置	是	2
			—	1	空调采暖系统的冷热源机组能效比、锅炉热效率符合 GB 50189 的相关规定			是	1
		供配电系统	—	1	选用低损耗节能型变压器			是	0
			—	2	合理装置无功率补偿设备,功率因数控制在 0.92 以上		功率因数控制在 0.9 以上	达Ⅱ级	0.8
			—	1	用电分类计量及管理符合 DB11/T 624 中的相关要求			是	1
			—	1	用电定额符合 DB11/T 706 中用电定额的相关规定			是	1
		照明系统	—	2	办公区域不使用非节能灯(包括 T8、T12 直管型荧光灯和白炽灯)			是	2
			—	1	非调光区节能灯使用率达到 80%	非调光区节能灯使用率达到 80%	非调光区节能灯使用率达到 75%	达Ⅰ级	1
			—	1	照明标准值符合 GB 50034 的相关规定			是	1
			—	1	公共区域所的照明功率密度值不高于 GB 50034 规定的目标值	公共区域所的照明功率密度值不高于 GB 50034 规定的现行值		达Ⅰ级	1
		给排水系统	—	2	节水器具符合 CJ 164,安装率达到 100%	节水器具安装率达到 85%	节水器具安装率达到 80%	达Ⅰ级	2
			—	1	卫生器具的给水额定流量、最低工作压力符合 DB11/T 348 中的相关规定			是	1
			—	1	建立雨水收集利用系统,并且有效利用雨水		建筑中水运行管理符合 DB11/T 348 中的相关规定	否	0

续表

一级指标	权重值	二级指标	单位	权重值	Ⅰ级基准值	Ⅱ级基准值	Ⅲ级基准值	现状	企业得分/分
装备要求	25	消防系统	—	1	消防器材必须使用清洁灭火器和灭火系统			是	1
		楼宇其他自控系统	—	2	楼宇消防报警系统、保安监控系统、电梯、自动扶梯等采用节能、节电设施，并纳入楼宇BAS(building automation system)自动化管理系统			否	0
		用电设备	—	1	具有能效标识的设备达到等级1	具有能效标识的设备达到等级2		达Ⅱ级	0.8
			—	1	其他用电设备采用节能环保型设备			是	1
		节能门窗	—	1	选用符合GB 50411 验收规范的节能门窗			是	1
资源能源消耗指标	25	单位建筑面积综合能耗(以标煤计)	kg/(m²·a)	10	20	22	24	18.29	10
		单位建筑面积取水量	m³/(m²·a)	10	1.0	1.2	1.5	0.695	10
		废弃办公用品回收利用率	%	2	85	80	75	100	2
		间接冷却水循环率	%	3	98	97	95	93	0
污染物产生指标	15	废水产生量	m³/(m²·a)	5	0.9	1.1	1.3	0.705	5
		化学需氧量(COD)产生量	kg/(m²·a)	5	0.27	0.33	0.40	0.35	3.68
		地下停车场汽车尾气污染物排放	—	5	符合国家和本市规定的排放速率和排放浓度标准			是	5
服务要求	5	绿色宣传	—	3	建立定期总结的绿色宣传，清洁生产学习培训制度，要求物业管理工作人员达到参与人员数量的80%以上，对承租客户进行定期宣传			是	3
			—	2	对承租客户节约、环保消费行为提供一定的鼓励措施			是	2

续表

一级指标	权重值	二级指标	单位	权重值	I级基准值	II级基准值	III级基准值	现状	企业得分/分
清洁生产管理指标	30	执行国家、行业及地方标准的相关情况①	—	3	符合国家和本市有关环境法律、法规	气排放执行 DB11/139，餐饮油烟排放执行 GB18483，噪声执行 DB11/307，锅炉废气排放执行 GB22337		是	3
			—	3	符合国家和北京市相关产业政策，不使用国家明令限期淘汰的落后装备；如使用国家明令限期淘汰的装备，应列入整改计划			是	3
		环境审核	—	2	按照《清洁生产审核暂行办法》开展清洁生产审核，并持续开展清洁生产		有完善的清洁生产管理机构，有完善的清洁生产审核、有持续开展清洁生产	是	2
			—	2	按照 GB/T 24001 建立环境管理体系，并取得认证	环境管理手册、程序文件及作业文件齐全		是	2
		组织机构	—	1	设置环境、能源管理岗位，实行环境、能源管理责任制。重点用能系统、设备配备专业技术人员	设置环境、能源管理岗位，实行环境、能源管理岗位应当配备专业技术人员	设置环境、能源管理人员	达 I 级	1
		管理制度	—	1	有明确的环境目标和行动措施；有定期检查实现及目标情况的记录	有健全的公共安全、节能降耗、环保规章制度实现情况执行情况的记录		是	1
			—	1	按照 GB/T 23331 建立能源管理体系，并取得认证	能源管理手册、程序文件及作业文件齐全		否	0
		能源管理	—	1	能源计量器具配备符合 GB 17167 三级计量要求	能源计量器具配备符合 GB 17167 二级计量要求		达 II 级	0.7
			—	1	通过能源审计			否	0
			—	1	具有能源利用状况体系报告，定期开展能量平衡测试			否	0
			—	1	使用地源热泵、太阳能等新能源设备			否	0
			—	1	采暖用热计量及管理符合 DB11/T 625 中的相关要求			是	1

续表

一级指标	权重值	二级指标	单位	权重值	Ⅰ级基准值	Ⅱ级基准值	Ⅲ级基准值	现状	企业得分/分
清洁生产管理指标	30	节水管理	—	1	按照 GB/T 12452 规定,2年进行一次水平衡测试	按照 GB/T 12452 规定,5年进行一次水平衡测试		达Ⅰ级	1
		原材料与消费品	—	1	装饰装修材料符合 GB 18580,GB 18581,GB 18582,GB 18583,GB 18584,GB 18585,GB 18586,GB 18587,GB 18597 的相关规定			是	1
			—	1	使用高效环保洗涤剂			是	1
			—	1	使用无磷洗涤用品			是	1
			—	1	不使用化学杀虫剂、杀菌剂和杀真菌剂			是	1
		废物管理	—	1	一般固体废物按照 GB 18599 的相关规定执行①;危险废物按照 GB 18597 的相关规定执行			是	1
			—	1	建立垃圾分类收集设备,在显著位置宣传垃圾分类回收			是	1
			—	1	中水设施产生的污泥委托专门的处理处置单位进行处理			是	1
		绿化管理	—	1	实现无裸露地面,可绿化地面应 100%绿化,鼓励垂直绿化及屋顶绿化			是	1
			—	1	绿地、树木、花卉应使用滴灌、微喷灌等先进的节水灌溉方式,绿化用水量符合当地取水定额			否	0
		相关方能源环境管理	—	1	建立环保采购商监控体系,选用环保产品,实行绿色办公用品采购			是	1
			—	1	对第三方物流企业、承租客户提出能源环保管理要求,符合相关法律、法规、标准的要求			是	1

① 限定性指标。

表5-21　与《清洁生产评价指标体系 商务楼宇》对比分析结果

一级指标	权重值	二级指标	单位	权重值	I级基准值	II级基准值	III级基准值	现状	企业得分/分
装备要求	25	空气调节与采暖系统	—	2	风机、水泵、电动机选用高效节能型;变工况风机、水泵采用变频调速控制装置			是	2
			—	1	采用清洁制冷剂,禁止使用CFC-11,CFC-12,CFC-113等国家规定的受控消耗臭氧层物质			是	1
			—	1	空调采暖系统的冷热源机组能效比、锅炉热效率符合GB 50189的相关规定			是	1
		供配电系统	—	2	选用低损耗节能型变压器			是	2
			—	1	合理装置无功率补偿设备,功率因数控制在0.92以上		功率因数控制在0.9以上	达I级	1
			—	1	用电分类计量及管理符合DB11/T 624中的相关要求			是	1
			—	1	用电定额符合DB11/T 706中用电定额的相关规定			是	1
			—	2	办公区域不使用非节能灯(包括T8,T12直管型荧光和白炽灯)			是	2
			—	1	非调光区节能灯使用率达到100%	非调光区节能灯使用率达到80%	非调光区节能灯使用率达到75%	达II级	0.8
		照明系统	—	1	照明标准值符合GB 50034的相关规定			是	1
			—	1	公共区域场所的照明功率密度值不高于GB 50034规定的目标值		公共场所的照明功率密度值不高于GB 50034规定的现行值	达I级	1
		给排水系统	—	2	节水器具符合CJ 164,安装率达到100%	节水器具安装率达到85%	节水器具安装率达到80%	达I级	2
			—	1	卫生器具的给水流量、最低工作压力符合DB11/T 348中的相关规定			是	1
			—	1	建筑中水运行管理符合GB 50015中的相关规定			是	1
			—	1	建立雨水收集利用系统,并且有效利用雨水			是	1

续表

一级指标	权重值	二级指标	单位	权重值	I级基准值	II级基准值	III级基准值	现状	企业得分/分
装备要求	25	消防系统	—	1	消防器材必须使用清洁灭火器和灭火系统			是	1
		楼宇其他自控系统	—	2	楼宇消防报警系统、保安监控系统、电梯、自动扶梯等采用节能、节电设施，并纳入楼宇BAS(building automation system)自动化管理系统			是	2
		用电设备	—	1	具有能效标识的设备达到等级1	具有能效标识的设备达到等级2		达II级	0.8
			—	1	其他用电设备采用节能环保型设备			是	1
		节能门窗	—	1	选用符合GB 50411 验收规范的节能门窗			是	1
资源能源消耗指标	25	单位建筑面积综合能耗(以标准煤计)	$kg/(m^2 \cdot a)$	10	20	22	24	18.48	10
		单位建筑面积取水量	$m^3/(m^2 \cdot a)$	10	1.0	1.2	1.5	0.64	10
		废弃办公用品回收利用率	%	2	85	80	75	100	2
		间接冷却水循环率	%	3	98	97	95	96	1.125
污染物产生指标	15	废水产生量	$m^3/(m^2 \cdot a)$	5	0.9	1.1	1.3	0.47	5
		化学需氧量(COD)产生量	$kg/(m^2 \cdot a)$	5	0.27	0.33	0.40	0.13	5
		地下停车场汽车尾气污染物排放	—	5	符合国家和本市规定的排放速率和排放浓度标准			是	5
服务要求	5	绿色宣传	—	3	建立定期总结的绿色宣传，清洁生产宣传，清洁生产人员数量达到80%以上，对承租客户进行定期宣传	工作人员参与学习培训制度，要求物业管理		是	3
			—	2	对承租客户节约、环保消费行为提供一定的鼓励措施			是	2

续表

一级指标	权重值	二级指标	单位	权重值	Ⅰ级基准值	Ⅱ级基准值	Ⅲ级基准值	现状	企业得分/分
清洁生产管理指标	30	执行国家、行业及地方标准的相关情况①	—	3	符合国家和本市有关环境法律、法规，废水排放执行 DB11/307，锅炉废气排放执行 DB11/139，餐饮油烟排放执行 GB 18483，噪声执行 GB 22337			是	3
			—	3	符合国家和北京市相关产业政策，不使用国家明令淘汰的落后装备；如使用国家明令限期淘汰的装备，应列入整改计划			是	3
		环境审核	—	2	按照《清洁生产审核暂行办法》开展清洁生产审核；有完善的清洁生产管理机构，并持续开展清洁生产			是	2
		组织机构	—	2	按照 GB/T 24001 建立环境管理体系，并取得认证	环境管理手册、程序文件及作业文件齐全		是	2
			—	1	设置环境、能源管理岗位，实行环境、能源管理岗位责任制。重点用能设备应当配备专业技术人员	设置环境、能源管理岗位，设备的操作岗位应当配备专业技术人员	设置环境、能源管理人员	达Ⅰ级	1
		管理制度	—	1	有明确的环境目标和行动措施；有健全的公共安全、节能降耗、环保规章制度；有定期检查实现情况及规章制度执行情况的记录			是	1
		能源管理	—	1	按照 GB/T 23331 建立能源管理体系，并取得认证	能源管理手册、程序文件及作业文件齐全		否	0
			—	1	能源计量器具配备符合 GB 17167 三级计量要求	能源计量器具配备符合 GB 17167 二级计量要求		达Ⅰ级	1
			—	1	通过能源审计			是	1
			—	1	具有能源利用状况报告，定期开展能量平衡测试			是	1
			—	1	使用地源热泵、太阳能等新能源设备			是	1
			—	1	采暖用热计量及管理符合 DB11/T 625 中的相关要求			是	1

续表

一级指标	权重值	二级指标	权重值	单位	Ⅰ级基准值	Ⅱ级基准值	Ⅲ级基准值	现状	企业得分/分
清洁生产管理指标	30	节水管理	1	—	按照 GB/T 12452 的规定,2 年进行一次水平衡测试	按照 GB/T 12452 平衡测试	按照 GB/T 12452 的规定,5 年进行一次水平衡测试	无水平衡测试	0
		原材料与消费品	1	—	装饰装修材料符合 GB 18580,GB 18581,GB 18582,GB 18583,GB 18584,GB 18585,GB 18586,GB 18587,GB 18597 的相关规定			是	1
			1	—	使用高效环保洗涤剂			是	1
			1	—	使用无磷洗涤用品			是	1
			1	—	不使用化学杀虫剂、杀菌剂和杀真菌剂			否	0
		环境管理 废物管理	1	—	一般固体废物按照 GB 18599 的相关规定执行;危险废物按照 GB 18597 的相关规定执行①			是	1
			1	—	建立垃圾分类收集设备,在显著位置宣传垃圾分类回收			是	1
			1	—	中水设施产生的污泥委托专门的处理企业进行处理			是	1
			1	—	实现无裸露地面,可绿化地面应 100%绿化及屋顶绿化,鼓励垂直绿化			是	1
		绿化管理	1	—	绿地、树木、花卉应使用滴灌、微灌等先进的节水灌溉方式,绿化用水量符合当地取水定额			是	1
		相关方能源环境管理	1	—	建立采购人员和供应商监控体系,选用环保产品,实行绿色办公用品采购			是	1
			1	—	对第三方物流企业、承租客户提出能源环保管理要求,符合相关法律、法规,标准的要求			是	1

① 限定性指标。

第6章

商务楼宇行业清洁生产先进管理经验和技术

6.1 清洁生产先进的管理理念和方法

6.1.1 清洁生产管理理念

商务楼宇行业是传统服务业中的重点耗能、耗水大户。近年来，国家和地方加强了商务楼宇行业的环境管理，先后出台了《公共建筑节能设计标准》（GB 50189）、《公共机构办公建筑用电分类计量技术要求》（DB11/T 624）、《公共机构办公建筑采暖用热计量技术要求》（DB11/T 625）和《公共机构办公建筑用电和采暖用热定额》（DB11/T 706）等一系列政策标准，引导商务楼宇行业积极推进环保绿色发展，提高技术水平和管理水平。

实施商务楼宇清洁生产时，可以将企业分为三个等级：对高消耗企业进行强制性审核；对低消耗企业进行表扬奖励；动员消耗达标者签订自愿协议，进一步节约资源，防治污染。在推行商务楼宇行业清洁生产审核时，既要审核环境污染指标，又要审核资源能源消耗指标，这样才能既有利于环境友好又有利于资源节约。

6.1.2 清洁生产管理方法

商务楼宇行业是能源消耗大户，做好节能降耗工作意义很大，要让全体员工对节能降耗有高度的思想认识，使其深入人心，通过教育可以提高员工的节约意识。具体措施如下。

① 办公室照明使用节能电源；使用有选择性的开关，外出随手关灯；不使用的用电设备、电器，应切断电源；推广使用节能灯：使用电子镇流器代替电感式镇流器，以节能灯代替白炽灯，可节省高达 70％～80％的电力。

② 选用新型空调设备。在办公楼以全新的节能型号代替陈旧的空调设备，如考虑使用热回收型冷水机或热泵机组，在提供冷气的同时可利用回收的废热将热水加热，大幅提高能源利用效率。

③ 安装自控装置。在使用率低的区域（例如会议室），安装在场传感器，自动控制空调的开关。

④ 节约用水。建立健全节约用水规章制度，积极推广使用节水器具，加强用水设备的日常维护和管理，严禁"跑、冒、滴、漏"，避免长流水，减少使用一次性纸杯。

⑤ 新员工培训，邀请工程部给员工讲授有关节能减排的知识。

⑥ 加快推进无纸化办公进程。充分使用网络办公，尽量在电子媒介上修改文稿，需要打印时提倡双面用纸，尽量减少纸质文件的印发，能够传阅的文件要尽量传阅，减少复印次数。单位之间传递文件尽量以邮箱为主，避免浪费人工和纸张。开展专项调查和研究，加快信息自动化建设进程，做到在网络上传送文件和发布通知。

6.2 清洁生产先进技术

6.2.1 节能技术

（1）中央空调系统节能技术

1）中央空调余热回收技术　充分利用热交换原理，将空调的余热

（冷凝热）进行回收，生产 50～60℃ 热水，供楼宇办公、员工浴室等使用。由于回收的空调是冷凝热余热，所以生产热水量是零能耗。同时，由于部分余热回收利用，从而既降低了冷凝温度，又使中央空调机组效率提高 5%～10%。由于技改后主机负荷减少，不仅节省主机的耗电量，而且减少主机的故障率，延长了主机的使用寿命，是一举多得的优秀节能技术。

　　中央空调余热回收技术原理流程示意及余热回收装置如图 6-1、图 6-2 所示。

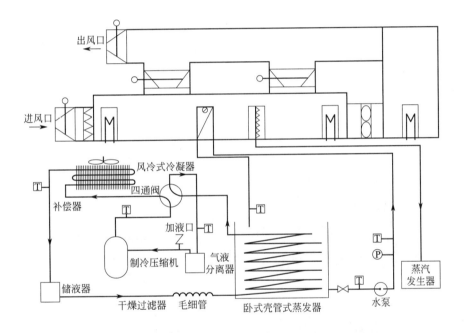

图 6-1　中央空调余热回收技术原理流程示意

　　2）中央空调循环水系统变频节能技术　　目前，大多数中央空调循环水系统的冷冻泵和冷却泵转速都是不可调节的，只要空调一运行，无论负荷情况如何、季节如何，冷冻泵和冷却泵都是以额定转速运行的，所以能源浪费现象严重。中央空调循环水系统变频节能装置如图 6-3 所示。

　　采用中央空调循环水系统变频节能技术，节能系统投入运行以来，节电效果明显，年平均节电率为 38% 以上。

图 6-2　中央空调余热回收装置

图 6-3　中央空调循环水系统变频节能装置

　　循环系统动力回路控制功能：3 台泵可以在变频调节下自动节能运行。

　　① 变频器直接控制 2 台泵，间接控制 1 台泵。

② 变频部分故障后可以在工频 AC380V/50Hz 条件下运行。

③ 闭环采集冷冻泵、冷却泵、水冷却塔参数至智能控制子站处理，并发出指令调节水泵电动机转速。

3）VRV 变频直冷式空调节能技术　目前，大多数空调为经典的水循环载冷系统中央空调。该空调系统成熟可靠，历史悠久，在各种场合被广泛应用。随着人们节能意识的进一步增强，研制出了许多节能环保、实用型的新一代空调系统，VRV 变频直冷式空调就是比较典型的节能产品之一。

水循环载冷空调系统设有冷冻水循环系统、冷却水循环系统，主要设备有冷冻水泵、冷却水泵、冷却塔、动力配电柜、水循环管路、阀门管件等，系统复杂且占用酒店室内较大的空间和消耗大量资源。VRV 变频直冷式空调系统无水循环载冷系统，冷媒直接在风机盘管蒸发吸热进行制冷；冷凝热采用风冷却；系统简单，热交换效率高，直接制冷换热较间接制冷换热的热交换效率高出 8%～15% 左右。换言之，制冷效率提高 8%～15% 左右。VRV 变频直冷式空调系统示意如图 6-4 所示。

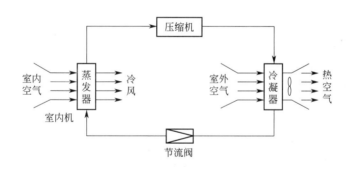

图 6-4　VRV 变频直冷式空调系统示意

4）CO_2 浓度控制新风量新技术　空调方式多采用全新风低风速组合式大风量空调机组供冷。常用空调方式有 2 种：①只设送风而不设回风方式；②设有送、回风方式。无论哪种方式，该系统的新风百分比都很大。空调制冷量，一般新风供冷是循环供冷的 1 倍多。

如何根据空调的实际负荷变化合理地调节新风量以达到节能的目的，就是本技术介绍的中心内容。采用 CO_2 浓度调节新风量的节能方案如图 6-5 所示。

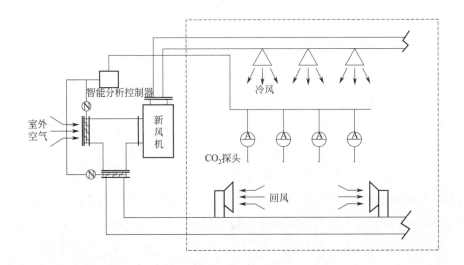

图 6-5　宴会厅及公共场所新风节能方案示意

CO_2 浓度控制新风量空调装置如图 6-6 所示。

图 6-6　CO_2 浓度控制新风量空调装置

该技术适合设有送、回风空调方式的场合，节能值平均可达 20%～

35％以上。

　　5）冰蓄冷技术　冰蓄冷技术是利用夜间电网低谷时间，利用低价电制冰蓄冷将冷量储存起来，白天用电高峰时融冰，与冷冻机组共同供冷，而在白天空调高峰负荷时，将所蓄冰冷量释放满足空调高峰负荷需要的成套技术。其具有改造安装简单、节省运行费用、移峰填谷、平衡电网、减少国家电力投资等优势。从能源的合理分配角度来说，其节约了能源，因为发电站是根据用电的多少来决定开启多少负荷的发电机组的。

　　① 其产生的效益包括：节省空调设备费用，减少制冷主机的装机容量和功率，可减少运行费用 30％～50％；节省能源，减少污染物排放，减少国家电网投资；减少相应的电力设备投资，如变压器、配电柜等。

　　② 其技术优势包括：节能效果明显，系统冷量调节灵活，过渡季节不开或少开制冷主机；具有应急功能，停电时利用自备电力启动水泵融冰供冷，提升空调系统的运行可靠性；使用寿命长；瞬间达到冷却效果；可在地下室、地面多种地方摆放；可独立运行，个别蓄冰筒出现问题时对系统没有影响；防腐蚀能力强，采用瑞士进口导热塑料盘管比金属盘管有更好的防腐蚀能力；机组运行效率高，结冰厚度小，蒸发温度较高，提高运行效率；可靠性极高，每个蓄冰筒盘管均在工厂内进行高压检测，不会泄漏。

　　③ 其环境优势包括：降低设备噪声；减少污染物排放；节约能源。

　　④ 冰蓄冷装置如图 6-7 所示。

　　6）中央空调清洗　据统计，我国目前空调用电量占全国总用电量的 6％，高峰时达 15％左右。总体来说，空调系统的节能主要是从"系统的选择""设备的选配"及"系统的运行管理"等几个方面入手，但忽视了中央空调系统污染对节能的负面作用。

　　根据 ASHARE 美国暖通空调协会 1996—1998 年公布的平均统计结果，定期对风管正确地清洗、消毒可以使每年平均运行费用（能耗）降低 15％～20％。日本空调清洗协会的调查表明，风机叶片上每积 0.2mm 厚度的灰尘，风机的风量就会下降 20％。

　　中央空调清洗如图 6-8 所示。

图 6-7　商务楼宇空调冰蓄冷装置

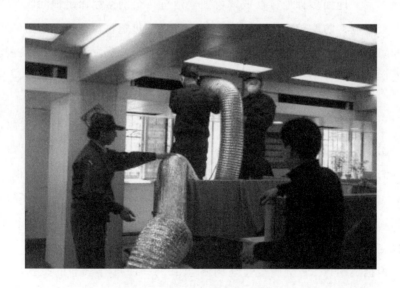

图 6-8　商务楼宇中央空调清洗

（2）供热系统节能技术

建筑的供热制冷系统节能技术包括冷热电三联产技术、供热系统温控与热计量技术、热回收技术以及热泵和太阳能节能供水等可再生能源技术。

1）冷热电三联产技术　冷热电三联产是基于能源梯级利用概念，在热电联产的基础上发展起来的，由锅炉产生具有较高品位的热能蒸汽，首先通过汽轮机发电，然后利用汽轮机抽汽或排汽向用户供热、供冷，将制冷、供热（用户采暖和供热水）及发电三个过程一体化的多联产综合系统。该方法可提高能源利用效率，减少碳氧化物及有害气体的排放，节能环保。

冷热电三联产系统主要由热源、一级管网、冷暖站、二级管网和用户设备组成。一般冬季可以用汽轮机抽汽加热采暖用水（或蒸汽），也可以用它们驱动吸附式热泵，热水或蒸汽经管网到用户；夏季利用锅炉余热或汽轮机抽汽驱动吸收式或吸附式制冷系统，用冷水经管网提供给用户。冷热电三联产的工作原理如图 6-9 所示。

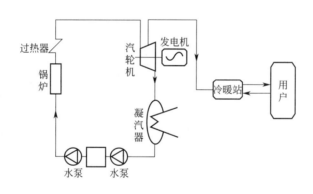

图 6-9　冷热电三联产工作原理

冷热电三联产系统有如下特点：

① 可以节省能源，减少二氧化碳的排放量；

② 可以提高热电厂的设备利用率，相应提高热电厂的经济效益；

③ 可以产生节电、增电效益，缓和夏季电力供需矛盾。

冷热电三联产技术是一种能源综合利用技术，不仅可以节约能源，而且可以减轻对环境的污染，因而在全世界范围内得到了发展。

2）供热系统温控与热计量技术　实现供暖系统按热量收费的最终目的是建筑节能，要做到这一点，除了加强建筑保温、降低设计能耗外，室内供暖系统必须有温控装置。

当前，用户室内的温度控制通过散热器恒温控制阀来实现。恒温控制阀的设定温度可以人为调节，按人为要求进行自动控制并调节散热器水量，以达到控制温度的目的。

热计量仪表由热量表（包括热水流量计、温度传感器和积算仪）和热量分配表组成。热量表依据流量计测量方式分成电磁及超声波式、机械式和压差式。机械式有耗电少、抗干扰性强、安装维护方便、价格低廉等优点，使用较为广泛，但水中杂质较多时精度会受到较大的影响。超声波式的特点是量程大、计量精度较高、压损较少，但是易受管壁锈蚀程度、水中泡沫或杂质含量、管道振动的影响，价格较机械式贵很多。热量分配表是通过测定用户散热设备的散热量来确定用户用热量的仪表。它的使用方法是：在集中供热系统中，在每个散热器上安装热量分配表，测量计算每个住户的用热比例，通过总表来计算热量，在每个供暖季结束后，由工作人员来读表，计算求得实际耗热量。根据测量原理的不同，热量分配表有蒸发式和电子式两种。

温控是实现热计量的前提条件之一。虽然热计量的大面积推广一定要在有温控的前提下进行，但是温控除了节能、节资外，它的另一个作用是提高了室内舒适度，提高了热网供热质量。

3）热回收技术　机组经冷凝器放出的热量通常被冷却塔或冷却风机排向周围环境中，对需要用热的场所是一种巨大的浪费，同时给周围环境也带来一定的废热污染。热回收系统是回收建筑物内、外的余热（冷）或废热（冷），并把回收的热（冷）量作为供热（冷）或其他加热设备的热源而加以利用的系统。

热回收技术就是通过一定的方式将冷水机组运行过程中排向外界的大量废热回收再利用，作为用户的最终热源或初级热源。压缩机排出的高温、高压气态制冷剂先进入热回收器，放出热量加热生活用水（或其他气、液态物质），再经过冷凝器和膨胀阀，在蒸发器中吸收被冷却介质的热量，使其成为低温、低压的气态制冷剂，返回压缩机。

热回收技术应用于低温热水的预热，使其热交换效率更高；应用于高温热水的加热，会增加冷水机组的功耗，但总功耗相对于用锅炉加热来说还是节约很多的，所以无论是利用热回收进行预热还是加热热水，都回收利用部分排风中的能耗（包括冷量和热量），达到节能效果，节省大量的系统运行费用。

4）太阳能节能供水技术　太阳能的热利用形式按照循环方式分为自然循环系统、直流式系统、直接式机械循环系统、直接式排回系统、间接式系统。该技术中的集热器集中放置，储热水箱及辅助能源设备放置于设备间或楼顶，控制系统必须置于室内设备间，系统采用双水箱设置，通过PLC智能系统控制太阳能集热器与辅助能源加热的自动切换，供水系统采用变频控制系统，从而实现全天候恒温恒压热水供应。太阳能系统的原理如图 6-10 所示。

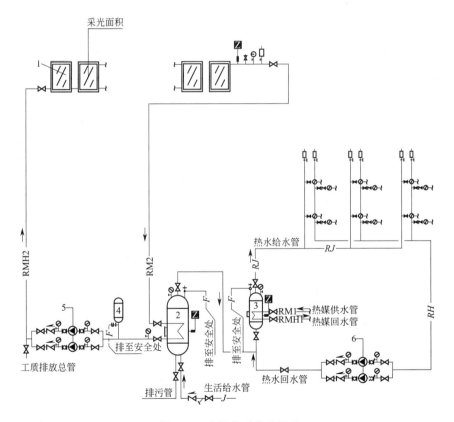

图 6-10　太阳能系统的原理

1—太阳能集热器；2—容积式水加热器（储热用）；3—容积式水加热器（供热用）；

4—膨胀罐；5—集热系统循环泵；6—供热系统循环泵

太阳能系统由集热器、保温水箱、连接管路、控制中心以及热交换器组成。

集热器是系统中的集热元件，其功能相当于电热水器中的电加热管。与电热水器、燃气热水器不同的是，太阳能集热器利用的是太阳的辐射热量，故加热时间只能在有太阳照射的白昼，所以有时需要辅助加热，如锅炉、电加热等。

保温水箱和电热水器的保温水箱一样，是储存热水的容器。因为太阳能热水器只能白天工作，而人们一般在晚上才使用热水，所以必须通过保温水箱把集热器在白天产出的热水储存起来，其容积是每天晚上用热水量的总和。采用搪瓷内胆承压保温水箱，保温效果好，耐腐蚀，水质清洁，使用寿命可长达 20 年以上。

连接管是将热水从集热器输送到保温水箱、将冷水从保温水箱输送到集热器的通道，使整套系统形成一个闭合的环路。设计合理、连接正确的循环管道对太阳能系统是否能达到最佳工作状态至关重要。热水管道必须做保温防冻处理。管道必须有很好的质量，保证有 20 年以上的使用寿命。

太阳能热水系统与普通太阳能热水器的区别就是控制中心。作为一个系统，控制中心负责整个系统的监控、运行、调节等功能，已经可以通过互联网远程控制系统的正常运行。太阳能热水系统的控制中心主要由电脑软件及变电箱、循环泵组成。

板壳式全焊接换热器吸取了可拆板式换热器高效、紧凑的优点，弥补了管壳式换热器换热效率低、占地面积大等缺点。板壳式换热器的传热板片呈波状椭圆形，大大提高了传热性能，广泛用于高温、高压条件的换热工况。

由于技术的局限，可采用承压（机械循环）式间接双回路系统，便于设计施工，实现高质量调控计量。按集热器形式可分为平板式集热器系统、真空管式集热器系统。其中，真空管式集热器系统在低温下集热效率较高；平板式集热器系统结构轻薄，寿命长，并能与太阳能吸收涂层技术结合。对于宾馆、医院类公共建筑，太阳能热水系统的类型宜采用集中供热、强制循环型系统。

5）热泵技术　热泵技术是近年来在全世界上备受关注的新能源技术。

它是通过做功使热量从温度低的介质流向温度高的介质的装置，通常是先从自然界的空气、水或土壤中获取低品位热能，经过电力做功，然后再向人们提供可被利用的高品位热能。

热泵先利用燃烧燃料产生的高温热能发电，然后利用电能驱动热泵从周围环境中吸收低品位的热能，适当提高温度再向建筑供热，就可以充分利用燃料中的高品位能量，大大降低用于供热的一次能源消耗。供热用热泵的性能系数（即供热量与消耗的电能之比）现在可达到 3～4。采用燃料发电再用热泵供热的方式，在现有先进技术条件下，采用热泵可以大大降低一次能源的消耗，一次能源利用率可以达到 200％ 以上。

泵系统原理如图 6-11 所示。

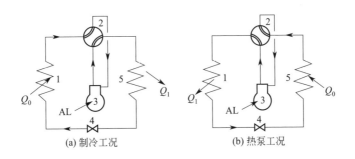

(a) 制冷工况　　　　　　　　　(b) 热泵工况

图 6-11　泵系统原理

1—蒸发器（冷凝器）；2—换向阀；3—压缩机；

4—节流装置；5—冷凝器（蒸发器）

热泵性能一般用制冷系数（COP 性能系数）来评价。制冷系数的定义为由低温物体传到高温物体的热量与所需的动力之比。通常热泵的制冷系数为 3～4，也就是说，热泵能够将自身所需能量的 3～4 倍的热能从低温物体传送到高温物体。所以热泵实质上是一种热量提升装置，工作时它本身消耗很少的一部分电能，却能从环境介质（水、空气、土壤等）中提取 4～7 倍于电能的热量，提升温度进行利用，这也是热泵节能的原因。据报道，新型热泵的制冷系数可达到 6～8。如果这一数值能够得到普及，意味着能源将得到更有效的利用，热泵的普及率也将得到惊人的提高。

热泵按照热源种类不同分为空气源热泵、水源热泵、地源热泵、高温空气能热泵等。

① 空气源热泵在运行中，蒸发器从空气中的环境热能中吸取热量以蒸发传热工质，工质蒸气经压缩机压缩后压力和温度上升，高温蒸气通过黏结在储水箱外表面的特制环形管时，被冷凝器冷凝成液体，将热量传递给空气源热泵储水箱中的水。

② 水源热泵通过输入少量高品位能源（如电能），实现低温位热能向高温位转移。水体分别作为冬季热泵供暖的热源和夏季空调的冷源，即在夏季将建筑物中的热量"取"出来，释放到水体中去，由于水源温度低，所以可以高效地带走热量，以达到夏季给建筑物室内制冷的目的；而冬季，则是通过水源热泵机组，从水源中"提取"热能，送到建筑物中采暖。与锅炉（电、燃料）和空气源热泵的供热系统相比，水源热泵具明显的优势。锅炉供热只能将 90%～98% 的电能或 70%～90% 的燃料内能转化为热量，供用户使用，因此水源热泵要比电锅炉加热节省 2/3 以上的电能，比燃料锅炉节省 1/2 以上的能量。由于水源热泵的热源温度全年较为稳定，一般为 10～25℃，其制冷、制热系数可达 3.5～4.4，与传统的空气源热泵相比要高出 40% 左右，其运行费用为普通中央空调的 50%～60%。

③ 地源热泵是一种利用浅层地热资源（也称地能，包括地下水、土壤或地表水等）的既可供热又可制冷的高效节能空调设备。地源热泵通过输入少量的高品位能源（如电能），实现由低温位热能向高温位热能的转移。地能分别在冬季作为热泵供热的热源和夏季制冷的冷源，即：在冬季，把地能中的热量取出来，提高温度后，供给室内采暖；在夏季，把室内的热量取出来，释放到地能中去。通常地源热泵消耗 1kW·h 的能量，用户可以得到 4kW·h 以上的热量或冷量。

④ 高温空气能热泵利用逆卡诺循环原理，通过自然能（空气蓄热）获取低温热源，经系统高效集热整合后成为高温热源，用来取（供）暖、干燥或供应热水。它有 4 大优点：a. 节能，有利于能源的综合利用，高温空气能热泵是把空气中的低温热能吸收进来，经过压缩机压缩后转化为高温热能，其节能效果相当显著；b. 有利于环境保护；c. 冷热结合，设备应用率高，节省投资；d. 因为是电驱动，调控比较方便。

（3）照明系统节能技术

照明设计应按照绿色照明设计的原则，提高照明系统的综合效益，既要满足用户需求，降低能耗指标，达到环保要求，又要创造良好的照明环境，满足商业要求，实现楼宇的经营目标。照明系统的主要节能措施包括以下几个方面。

1）照度的合理使用值　减少配电线路的损耗，如在镇流器上加补偿电容器，功率因数大于 0.9；优化配电方式，把单相改为两相三线制或三相四线制，线损下降 75%～80%。另外，选择合理的照度。

2）合理的布局与灯具的选择

① 吊顶天棚的光带敷设。光带敷设是比较常见的照明形式，采用国家定型标准的光带灯具。这种灯具的参数都是经过优化设计的，目标是节电、高效（一般达 82%～92%）、优质（漫反射均匀、光色好等）。

② 采用高效节能荧光灯：a. 单端荧光灯（又称紧凑型荧光灯）；b. 三基色荧光灯；c. 细管轻质荧光灯。

③ 采用节能型小射灯。

④ 采用 LED 照明技术。

3）新型节能镇流器　各类荧光灯镇流器性能比较和经济效益对比如表 6-1、表 6-2 所列。

表 6-1　各类荧光灯镇流器（36W/40W）性能比较

性能	传统电感镇流器	国产标准电子镇流器	国产 H 级电子镇流器	节能型电感镇流器
自身功耗/W	9	≤3.5	≤3.5	4.0～5.5
质量比	1	0.3～0.4	0.2～0.4	1.5
光效系数	0.95～0.98	1.10	1.10	1.02～1.05
开机浪涌电流比	1.5	10～15	15～20	1.5
电磁干扰（EMI）	无	在允许范围内	有明显干扰超标	无
电源电流谐波	≤10%	10%～13%	25%～34%	≤10%
抗电源瞬间过电压	无问题	能承受	基本不能承受	无问题
灯电流波峰比	1.58～1.62	1.40～1.60	1.90～2.10	1.50～1.55
连续使用寿命/年	10	2～4	1～3	10～20

表 6-2　各类荧光灯镇流器经济效益对比

镇流器	价格/元	能耗/W	寿命/h	30000h 总费用/元	投资回收期/年
传统电感镇流器	12	10	30000	162	
电感镇流器	40～80	4	10000	210	2
节能型电子镇流器	18	4.5～5.5	60000	100.5	1.1

4）采用照明自动控制系统

① 超声波开关系统。

② 人体红外感应开关。

③ 微机自动控制系统。

5）节能灯改造　进行节能灯改造，节能效果比较明显，如表 6-3 所列。

表 6-3　节能灯实例

序号	选用光源	选用镇流器	选用灯具	LPD/(W/m²)
1	4 只 8W 灯泡型自镇流荧光灯(低色温) 2 只 15W 灯泡型自镇流荧光灯(低色温) 1 只 36WT8 三基色直管型荧光灯(中间色温)	电子镇流器 (功耗 4W)	总功率为 102W	4
2	4 只 40W 白炽灯 2 只 60W 白炽灯 1 只 36W 普通 T8 荧光灯(高色温)		总功率为 325W	12.9

虽然两方案均低于标准规定的 $15W/m^2$，但照明用电差异很大，如以第 2 方案的 LPD 为 100%，则第 1 方案仅为第 2 方案的 31%，节电 70%。

第 1 方案的总光量是 900lm，而第 2 方案的总光量是 961lm，两方案的光量大约相同。

第 1 方案一次投资稍高一些，但运行维护费用较低；而第 2 方案的投资少，但运行维护费用高，不经济。

（4）机电设备节能技术

1）变压器选型　变压器选型包括容量的确定和型号的选择两个内容。

变压器的损耗包括两部分。一部分是铁损，又称空载损耗，基本是衡定值，只因受电压的变化而略有变化；另一部分是铜损，又称负载损耗，它与负载电流大小的平方值成正比，所以是个变量。变压器有高损耗变压器与低损耗变压器之分，后者损耗小主要是由于降低了铁损，铜损值一般减少不多。另外，为了满足电网和用电户的需要，还有带负载调压的变压器，它的铁损耗值比相同规格的其他变压器略高。

2) 提高功率因数，进行无功补偿　提高功率因数最常用和最简单的方法就是加装无功补偿装置——电力电容器。可以把电容器置于变压器旁，对变压器本身所消耗的无功进行补偿。补偿包括绕组损耗和铁芯损耗两部分，其中绕组损耗随负荷变化而变化，因此无功补偿的容量不应是固定的，应是可以自动跟踪调整的。也可以把它置于电动机旁进行随机补偿，使无功功率就地平衡。因随机补偿容量小，资金投入少，运行维护简单，所以是个好办法。

(5) 低能耗设备

高能耗的电器带来了巨大的能源消耗，同时也加重了对环境的污染。世界各国都通过制定和实施能效标准、推广能效标识制度来提高用能产品的能源效率，促进节能技术进步，进而减少有害物的排放和保护环境。作为清洁生产企业，应使用具有能效标识的节能产品。

6.2.2　节水技术

(1) 建立雨水收集利用系统

部分城市对雨水收集设施进行了规定，部分内容如下。

《关于加强建设工程用地内雨水资源利用的暂行规定》（市规发〔2003〕258 号）中规定：凡在本市行政区域内，新建、改建、扩建工程（含各类建筑物、广场、停车场、道路、桥梁和其他构筑物等建设工程设施，以下统称为建设工程）均应进行雨水利用工程设计和建设。按照本市有关规定，建设中水利用设施的新、改、扩建设工程，必须同时考虑建设雨水利用设施。

《南京市城市供水和节约用水管理条例》（南京市人民代表大会常务委员会公告第 6 号）中规定：规划用地面积 2 万平方米以上的新建建筑物应当配套建设雨水收集利用系统，已建成雨污分流排水系统的小区应当创造条件建立雨水收集利用系统。

城市雨水利用的几种方式：①从屋面、周围道路、广场收集雨水，流入地下储水池做简单处理，用于家庭、公共和工业等方面的非饮用水，如浇灌、冲厕、洗衣、冲洗路面、冷却循环等；②采用屋顶绿化的形式留住雨水，削减径流量，减轻城市排水管网压力，减轻污染，缓解城市热岛效应，调节建筑温度，美化城市；③花园小区雨水集蓄利用，绿地入渗，维护绿地面积，同时回灌地下水；④选址进行雨洪回灌，人工补给地下水。

（2）节水灌溉技术

绿化灌溉鼓励采用喷灌、微灌、渗灌、低压管灌等节水灌溉方式；鼓励采用湿度传感器或根据气候变化的调节控制器；为增加雨水渗透量和减少灌溉量，对绿地来说，鼓励选用兼具渗透和排放两种功能的渗透性排水管。

目前普遍采用的绿化灌溉方式是喷灌，即利用专门的设备（动力机、水泵、管道等）把水加压，或利用水的自然落差将有压水送到灌溉地段，通过喷洒器（喷头）喷射到空中散成细小的水滴，均匀地散布，比地面漫灌要省水 30%～50%。喷灌要在风力小时进行。当采用再生水灌溉时，因水中微生物在空气中易传播，应避免采用喷灌方式。

微灌包括滴灌、微喷灌、涌流灌和地下渗灌，它是通过低压管道和滴头或其他灌水器，以持续、均匀和受控的方式向植物根系输送所需水分，比地面漫灌省水 50%～70%，比喷灌省水 15%～20%。微灌的灌水器孔径很小，易堵塞。微灌的用水一般都应进行净化处理，先经过沉淀除去大颗粒泥沙，再进行过滤，除去细小颗粒的杂质等，特殊情况还需进行化学处理。

（3）控制热水温度

供水系统尤其是热水系统出黄水导致水资源浪费的现象时有发生。热水系统出黄水的原因如下：一是供水系统采用镀锌管；二是系统中阀门生锈；三是热水包内生锈（质次）；四是管理方面存在问题（热水温度过高）。针对上述四个原因应采取相应的措施：供水系统采用铜管、不锈钢管、绿色管材等；采用防锈阀门；热水包内采用防锈材料；水温控制在合适的范围内。在实际运行中，热水温度设得过高，水温过高的不利之处：一是出黄水严重；二是加速设备老化；三是影响服务质量。应注意，混水器冷、热水位置是有标准的，即右冷、左热（使用者的方位）。70℃是临界温度，若超过临界温度，水管容易腐蚀（生锈），镀锌管更是如此，所以降低热水温度是减少出黄水概率的有效途径，还能延长设备的使用寿命。热水温度一般控制在上述设定的范围内，根据季节、气候变化来调节，这样既能满足服务又能节能。经研究，热水温度每降低 1℃，可节省成本 5%～8%。控制热水温度的关键是选择好热水包的温控器，禁止人工控制。实践证明，导阀型隔膜式温控器（不用电源）工作可靠，维护方便，寿命长，适合商务楼宇使用。

（4）控制供水压力

冷、热水水压应达到要求，即 0.2～0.35MPa，对确定的用水点来说，冷、热水的压力应基本一致。目前，供水系统多数采用屋顶水箱供水。这种供水方式先天设计不足，导致离水箱下面最近的几个楼层用水压力达不到要求。一般来说，水箱高于楼层 10m 时，才能形成 0.1MPa 的压力，如果按上述用水压力低限 0.2MPa 计算，水箱应高于楼层 20m，所以这种供水方式本身无法达到压力的使用要求。因这一问题存在而浪费的水资源数量是惊人的。

解决上述问题的方法是在屋顶水箱以下几个楼层的供水系统中串接变频稳压泵。对其他远离水箱的楼层可以分区增设减压阀，以提高供水系统的安全性，延长其使用寿命。

（5）正确选择用水设备

① 节水器具符合 CJ 164，安装率达到 100%。水龙头是应用范围最广、数量最多的一种盥洗用水器具。目前，节水型水龙头大多为陶瓷阀芯水龙头。这种水龙头密闭性好，启闭迅速，使用寿命长，而且在同一静水压力下，其出流量均小于普通水龙头的出流量，具有较好的节水效果，节水量为 20%～30%。充气水龙头是国外使用较广泛的节水水龙头，在水龙头上开有充气孔，由于吸进空气，体积增大，速度减小，既防溅水又可节约水量，据报道可节约水量 25%左右。

② 卫生器具的给水额定流量、最低工作压力等符合《建筑给水排水设计规范》（GB 50015）。

生活给水系统按规定竖向分区后仍然存在着部分卫生器具配水点水压偏大的问题，而这一点常常被忽视。因为即使在分区后，各区最低层配水点的静水压仍高达 300～400kPa。而在进行设计流量计算时，卫生器具的额定流量是在流出水头为 20～30kPa 的前提条件下所得的。因此，若不采取减压节流措施，卫生器具的实际出水流量将会是额定流量的 4～5 倍。随之带来了水量浪费、水压过高、漏水量增加的弊病，同时易产生水击、噪声和振动，致使管件损坏、破裂。国外一些国家均采用在给水支管上安装孔板、压力调节阀或减压阀等手段来避免部分供水点超压，提供适宜的服务水龙头，使竖向分区的水压分布更加均匀。

6.2.3 环保技术

环保技术主要指中水回用技术。

国家和部分城市对中水设施进行了规定，部分内容如下。

《建设部关于发布〈城市中水设施管理暂行办法〉的通知》（1995 年 12 月 8 日建城字第 713 号文发布）规定：中水设施建设根据建筑面积和中水回用水量（中水设施建设规模）规定，具体办法由县级以上地方人民政府规定。但应当符合以下要求：宾（旅）馆、饭店、商店、公寓、综合性服务楼及高层住宅等建筑的建筑面积在 2 万平方米以上。

《关于加强中水设施建设管理的通告》（发布单位：北京市市政管理委员会、北京市规划委员会、北京市建设委员会，2001 年 6 月 29 日）中规定：建筑面积在 2 万平方米以上的宾馆、饭店、公寓等必须建设中水设施。

《昆明市城市中水设施建设管理办法》（2004 年 2 月 25 日）规定：建筑面积在 2 万平方米以上的宾馆、饭店、商场、综合性服务楼及高层住宅应当同期建设中水设施，并与主体工程同时设计、同时施工、同时交付使用。

《关于进一步加强建设项目节约用水设施管理的通知》（南建〔2006〕18 号）规定：新建项目符合以下条件的，必须设计、建设中水设施，即建筑面积在 1.5 万平方米以上的宾馆、饭店、公寓等。

中水水源应根据排水的水质、水量、排水状况和中水回用的水质、水量选定。

建筑物中水水源可选择的种类和选取顺序为：卫生间、公共浴室的盆浴和淋浴等的排水；盥洗排水；空调循环冷却系统排污水；冷凝水；游泳池排污水；洗衣排水；厨房排水；冲厕排水。

比较常见的中水回用技术（接触氧化法、膜生物反应器）如图 6-12、图 6-13 所示。

图 6-12　中水回用技术（接触氧化法）工艺流程

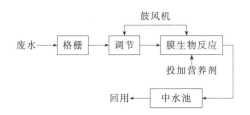

图 6-13　中水回用技术（膜生物反应器）工艺流程

商务楼宇中水回用系统如图 6-14 所示。

图 6-14　商务楼宇中水回用系统

6.2.4 管理技术

管理技术主要是指能耗分项计量系统。该系统是指通过对建筑安装分类和分项能耗计量装置，采用远程传输等手段及时采集能耗数据，实现重点建筑能耗的在线监测和动态分析功能的硬件系统和软件系统的统称。分类能耗是指根据建筑消耗的主要能源种类划分进行采集和整理的能耗数据，如电、燃气、水等。分项能耗是指根据建筑消耗的各类能源的主要用途划分进行采集和整理的能耗数据，如空调用电、动力用电、照明用电及重点用能设备能耗等。

能源分项计量系统涵盖各类能源消耗的统计和分析，着重于电能的分项计量或全面计量，在传统变配电管理功能的基础上，开发能耗数据处理和能耗分析功能模块，构成完整的能耗数据采集输入、实时显示、数据处理、数据分析、结果提示的全过程能耗监管。系统可同时作为变配电管理、分项计量和能耗监管系统使用，由一般物业管理人员即可进行日常管理工作，包括变配电监视、报警，建筑能耗数据处理、分析，输出能耗分析结果。

6.3 典型清洁生产方案

6.3.1 商务楼宇空调系统改造

6.3.1.1 方案简述

目前，我国空调系统面临制冷机组、冷却泵、冷冻泵的运行效率低下，耗电量较高等问题。另外，空调末端的形式为风机盘管＋新风系统，无排放系统，室内环境不佳。

某大厦原有制冷系统为冰蓄冷，3台制冷机组，其中2台为双工况冷机，蓄冷装置为冰球蓄冷，容量为4000RT·h（1美国冷吨＝3.517kW，1日本冷吨＝3.861kW）。具体为，$1^{#}$、$2^{#}$制冷主机为空调蓄冰双工况，$3^{#}$制冷主机为单制冷工况。制冷主机使用年限已久，耗电量较高。对制冷机组进行测试，测试结果表明经过近 20 年的运行，实际 COP（制冷性能系数）比额定 COP 更低，导致在满足制冷量需求的情况下，耗电量更高。

针对这些问题，将 1#、2#、3# 制冷机组改为更节能高效的制冷机组。

6.3.1.2　技术可行性分析

原有制冷机组使用年限已久、耗电量较高、能效较低，因此，需要更节能、更高效的制冷机组，从而节约电耗和减少二氧化碳排放。同时选择的制冷机组的制冷性能系数 COP 需满足《公共建筑节能设计标准》（DB11/687—2015）中的相关要求。

《公共建筑节能设计标准》（DB11/687—2015）中要求"蒸汽压缩循环冷水机组应采用卸载灵活、可靠，在额定制冷工况和规定条件下，制冷性能系数 COP 不应低于下表的规定值"，如表 6-4 所列。

表 6-4　冷水机组制冷性能系数

类型		名义制冷量 CC /kW	制冷性能系数 COP(W/W)					
			严寒 A、B 区	严寒 C 区	温和地区	寒冷地区	夏热冬冷地区	夏热冬暖地区
水冷	活塞式/涡旋式	$CC \leqslant 528$	4.10	4.10	4.10	4.10	4.20	4.40
	螺杆式	$CC \leqslant 528$	4.60	4.70	4.70	4.70	4.80	4.90
		$528 < CC \leqslant 1163$	5.00	5.00	5.00	5.10	5.20	5.30
		$CC > 1163$	5.20	5.40	5.40	5.50	5.60	5.60
	离心式	$CC \leqslant 1163$	5.00	5.10	5.10	5.20	5.30	5.40
		$1163 < CC \leqslant 2110$	5.30	5.40	5.40	5.50	5.60	5.70
		$CC > 2110$	5.70	5.70	5.70	5.80	5.90	5.90
风冷或蒸发冷却	活塞式/涡旋式	$CC \leqslant 50$	2.60	2.60	2.60	2.60	2.70	2.80
		$CC > 50$	2.80	2.80	2.80	2.80	2.90	3.00
	螺杆式	$CC \leqslant 50$	2.70	2.70	2.80	2.80	2.90	2.90
		$CC > 50$	2.90	2.90	3.00	3.00	3.00	3.00

比较常见的冷水机组类型有螺杆式冷水机组、离心式冷水机组、溴化锂吸收式冷水机组、活塞式冷水机组和水源热泵机组。各种类型机组的优

缺点如表6-5所列。

表6-5　各种类型机组的比较

序号	种类	优点	缺点
1	螺杆式冷水机组	(1)结构简单,故障率低,寿命长; (2)噪声低,振动小; (3)压缩比可高达20,EER值高; (4)调节方便,可在10%~100%范围内无级调节,节电显著; (5)体积小,质量轻; (6)属正压运行,不存在外气侵入腐蚀问题	(1)价格比活塞式高; (2)单机容量比离心式小,转速比离心式低; (3)润滑油系统较复杂,耗油量大
2	离心式冷水机组	(1)叶轮转速高,输气量大,单机容量大; (2)易损件少,工作可靠,结构紧凑,运转平稳,振动小,噪声低; (3)单位制冷量重量指标小; (4)EER值高,理论值可达6.99; (5)调节方便,在10%~100%内可无级调节	(1)当运行工况偏离设计工况时效率下降较快,制冷量随蒸发温度降低而减少的幅度比活塞式大; (2)离心负压系统,外气侵入,有产生化学变化腐蚀管路的危险
3	溴化锂吸收式冷水机组	(1)运动部件少,故障率低,运动平稳,振动小,噪声低; (2)加工简单,操作方便,可实现10%~100%无级调节; (3)溴化锂溶液无毒,对臭氧层无破坏作用; (4)可利用余热、废热及其他低品位热能; (5)运行费用少,安全性好; (6)以热能为动力,电能耗用少	(1)使用寿命比压缩式短; (2)节电不节能,耗汽量大,热效率低; (3)机组长期在真空下运行,外气容易侵入,若空气侵入,造成冷量衰减,故要求严格密封,给制造和使用带来不便; (4)机组排热负荷比压缩式大,对冷却水水质要求较高; (5)溴化锂溶液对碳钢具有强烈的腐蚀性,影响机组寿命和性能
4	活塞式冷水机组	(1)用材简单,可用一般金属材料,加工容易,造价低; (2)系统装置简单,润滑容易,不需要排气装置; (3)采用多机头,高速多缸,性能可得到改善	(1)零部件多,易损件多,维修复杂、频繁,维护费用高; (2)压缩比低,单机制冷量小; (3)单机头在部分负荷下调节性能差,卸缸调节,不能无级调节; (4)做上下往复运动; (5)单位制冷量重量指标较大
5	水源热泵机组	(1)节约能源,在冬季运行时,可回收热量; (2)不需冷冻机房,不要大的通风管道和循环水管,可不保温,降低造价; (3)便于计量; (4)安装便利,维修费低; (5)应用灵活,调节方便	(1)在过度季节不能最大限度利用新风; (2)机组噪声较大; (3)机组多数暗装于吊顶内,给维修带来一定难度

通过各种类型制冷机组优缺点的比较，选定的制冷机组参数如表 6-6
所列。

表 6-6　选定的制冷机组参数

名称	运行工况	技术参数
1#水冷式冷水机组	空调蓄冰双工况	(1)螺杆式冷水机组 　制冷:COP≥5.682;制冰:COP≥4.019 (2)空调工况 　制冷量:1239kW;电功率:218kW; 　蒸发器:水流量 230.4m³/h; 　冷凝器:水流量 259.2m³/h; 　制冷工况冷冻水进出口温度:7℃/12℃ (3)制冰工况 　制冰供冷量:792kW;电功率:197kW; 　蒸发器:水流量 230.4m³/h; 　冷凝器:水流量 259.2m³/h; 　制冰工况冷冻水进出口温度:−2.79℃/−6℃
2#水冷式冷水机组	空调蓄冰双工况	(1)离心式冷水机组 　制冷:COP≥5.157;制冰:COP≥4.177 (2)空调工况 　制冷量:1758kW;电功率:341kW; 　蒸发器:水流量 324m³/h; 　冷凝器:水流量 374.4m³/h; 　制冷工况冷冻水进出口温度:7℃/12℃ (3)制冰工况 　制冰供冷量:1232kW;电功率:295kW; 　蒸发器:水流量 324m³/h; 　冷凝器:水流量 374.4m³/h; 　制冰工况冷冻水进出口温度:−2.45℃/−6℃
3#水冷式冷水机组	单制冷工况	(1)离心式冷水机组 　制冷:COP≥5.411 (2)空调工况 　制冷量:1758kW;电功率:325kW; 　蒸发器:水流量 302m³/h; 　冷凝器:水流量 356.7m³/h; 　制冷工况冷冻水进出口温度:7℃/12℃

6.3.1.3　环境可行性分析

计算改造前后的节电量如表 6-7 所列。

表 6-7　制冷主机改造前后节电量

序号	设备名称	改造前电动机功率/kW	改造后电动机功率/kW	运行情况	节电量
1	1#水冷式冷水机组（空调蓄冰双工况）	320	218	制冷工况,平均每天运行 10h,制冷季 120d	节电 122400kW·h/a
		320	197	蓄冰工况,平均每天运行 8h,制冷季 120d	节电 118080kW·h/a
2	2#水冷式冷水机组（空调蓄冰双工况）	400	341	制冷工况,平均每天运行 10h,制冷季 120d	节电 70800kW·h/a
		400	295	蓄冰工况,平均每天运行 8h,制冷季 120d	节电 100800kW·h/a
3	3#水冷式冷水机组（空调基载）	400	325(安装有变频器,节能率按 30%计)	制冷,平均每天运行 10h,制冷季 120d	节电 207000kW·h/a
合计					节电 6.191×10⁵kW·h/a

实际运行过程中，蓄冰工况时，1#机组、2#机组全部开启，则蓄冰工况下的节能量为 $118080kW \cdot h/a + 100800kW \cdot h/a = 2.188 \times 10^5 kW \cdot h/a$。制冷工况时，一般只开启其中的某一台制冷机组，选择其中节电量最大的制冷机组（3#制冷机组）的节电量作为制冷工况下的节电量，即 $2.07 \times 10^5 kW \cdot h/a$。则改建项目实施完成后，预计节电 $2.188 \times 10^5 kW \cdot h/a$。

6.3.2　商务楼宇计量系统改造

6.3.2.1　方案简述

对于计量系统，改造前大厦只是每层装有电表，没有针对用电系统进行分项计量。

在对商务楼宇计量系统进行统计的基础上，按用电系统加装远传电表，一方面完善用电计量，另一方面实现远程管理。另外，对用热也加装了远传热表，方便管理。共安装 80 块远传电表和 9 块远传热表。

按用电分项管理细化区分，如空调和通风系统（冷水机组、冷冻泵、分体空调等）、采暖系统（热力站、采暖泵等）、照明系统、重点用能设备、电梯、中控室等分类计量统计，并对能耗进行统计及分析，计算主要设备的运行效率，对用能系统达到有效的在线监控。另外，为了更好地进行管理，将部分非远传电表改成了远传电表。

6.3.2.2　技术可行性分析

远传电表和远传热表能实现对电和热的远程监控，便于管理并节约能源。

远传电表的具体安装位置如图 6-15 所示。

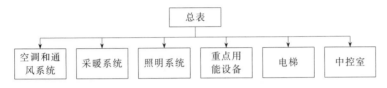

图 6-15　远传电表的具体安装位置

改造时，共安装 80 块远传电表和 9 块远传热表。远传电表的安装位置汇总见表 6-8。远传热表均安装在空调机房的热水管处以计量至各用热点的用热量，属二级计量。

表 6-8　远传电表的安装位置

序号	系统名称	位置	电表数量	备注
1	空调通风系统	空调机房	32	
		其中:冷却塔	3	
		冷冻泵	3	
		冷却泵	3	
		主楼 22 层,B2 层	23	
2	餐厅	餐厅	4	分区计量
3	采暖系统	热力站	5	5 台采暖泵
4	重点用能设备	消防泵	4	2 台消防泵,2 台喷淋泵
		消防风机	8	
		车库排风电动机	3	
		卫生间排风电动机	2	
		双层车位电动机	4	
		生活水泵	2	2 台水泵,1 用 1 备

续表

序号	系统名称	位置	电表数量	备注
5	中控室	中控室	2	
6	电梯	电梯	4	
7	公共区域照明系统	车库	4	主楼＋配楼＋2个复兴段
		立面照明	6	安装平台的
合计			80	

需要说明的是，公共区域照明与动力部分由于线路原因尚无法分开。

对照《用能单位能源计量器具配备和管理通则》（GB 17167）中"能源计量器具配备率要求"，在进行计量改造后，电力和热力均能满足进出用能单位和主要次级用能单位的要求，如表6-9所列。

表6-9　能源计量器具配备率要求　　　　　　单位：%

能源种类	进出用能单位	进出主要次级用能单位	主要用能设备
电力	100	100	95
载能工质(水)	100	95	80

该方案在实施过程中是随空调系统改造进度进行计量安装的。需要注意的是，为了更好地实现节能效果，空调系统设备改造只是其中的一部分工作，后期在运营过程中，需借助自控系统，加强后期的管理来达到节能的最大效果，如表6-10所列。

表6-10　分项计量系统新增设备

序号	名称	数量	单位
一、计量设备			
1	数字量输入模块	58	块
2	远传热表	9	块
3	远传电表	80	块
	控制器小计		
二、中控室设备			
4	组态软件	1	套
5	网络设备	1	个
6	编程电缆	1	个
7	台式计算机	1	套

6.3.2.3　环境可行性分析

计量系统改造后，通过有效地分析、管理及行为节能，预计年节电量可达 $17.58 \times 10^4 \text{kW} \cdot \text{h}$（原先空调系统的用电量为 $4.3 \times 10^6 \text{kW} \cdot \text{h/a}$，计量改造后产生的节能率预计为 4%，即 $17.2 \times 10^4 \text{kW} \cdot \text{h/a}$；原先热力站用电为 $9.38 \times 10^4 \text{kW} \cdot \text{h/a}$，计量改造后产生的节能率预计为 4%，即 $3.8 \times 10^3 \text{kW} \cdot \text{h/a}$）。

6.3.3　电梯节能改造

6.3.3.1　方案简述

某商务楼宇大堂扶梯采用传统的人工控制模式，一经开启则始终运转不停，直到人工关闭。这种运行方式浪费电能，尤其在人流量不多的情况下，人通行的时间间隔比较长，大多数时间都是空载运行，利用率低，对扶梯的磨损也较严重。通过加装智能扶梯节能装置，可节省电能，同时降低电动机的磨损。

6.3.3.2　技术可行性分析

智能扶梯节能装置主要由 PLC 和软启动器构成，扶梯的驱动电机是以软启动器控制运转，其节能方式为当红外线感应器监测到有人时，PLC自动控制软启动器启动扶梯运行；没人时，自动让扶梯慢速运行，以达到节能的目的。扶梯节能装置的改造较为简单，主要有以下3项工作：a. 在扶梯入口处安装红外线传感器；b. 在扶梯底坑将扶梯节能控制器串入其中；c. 安装后进行通电调试。

目前，智能扶梯节能装置已经广泛安装于大厦、商场等公共场所，成熟可靠，具备技术可行性。

6.3.3.3　经济可行性分析

本项目投资如表6-11所列。

表 6-11　项目投资总表

设备名称	计量单位	数量	单价/(元/套)	金额/元
扶梯节能控制器	套	1	45000	45000
安装调试费	套	1	5500	5500
合计				50500

本方案实施后，预计每年节电 $6675kW \cdot h$，经济效益为 0.6675 万元。设备使用年限 15 年，设备残值按 5％计，折旧费为 0.285 万元/年。优化扶梯运行模式的相关经济评估指标如表 6-12 所列。

表 6-12　优化扶梯运行模式的相关经济评估指标汇总表

序号	项　目	优化扶梯运行模式	
		计　算　式	结果
1	总投资/万元		5.05
	其中,设备投资/万元		4.5
2	新增效益/万元		0.6675
3	折旧费/万元	$4.5 \times 0.95 \div 15$	0.285
4	投资偿还期/年	$N = \dfrac{I}{F} = \dfrac{5.05}{0.6675 + 0.285}$	5.3
5	净现值(NPV)/万元	$NPV = \sum\limits_{j=1}^{n} \dfrac{F}{(1+i)^j} - I$	1.09
6	内部收益率(IRR)/%	$\sum\limits_{j=1}^{n} \dfrac{F}{(1+IRR)^j} - I = 0$	10.09

由表 6-12 可知，优化扶梯运行模式方案的内部收益率（IRR）为 10.09％，而根据调查，写字楼行业的基准收益率范围为 9.3％～17.7％，因此，本方案的内部收益率（IRR）在行业基准收益率范围内。此外，本方案的净现值＝1.09 万元＞0，投资回收期为 5.3 年。因此，本方案经济上是可行的。

6.3.3.4　环境可行性分析

该方案具有一定的节能效益，预计方案实施后年节电 $6675kW \cdot h$，相当于每年减少二氧化碳排放量 6.675t，减少二氧化硫排放量 0.2t。此外，本方案对环境无任何负面影响及二次污染，因此具备环境可行性。

6.3.4　照明系统节能改造

6.3.4.1　方案简述

某大型公共建筑使用照明灯具为 T8 系列 36W 电感式镇流器荧光灯，共计约 2000 套。T8 电感式镇流器荧光灯不仅耗电量大、光效及显色性差，而且不环保、维护成本较高。在保障不降低照度的前提下，现考虑更换为 T5 系列 22W 高效节能灯管。由于原 T8 灯管已安装使用，为了不再更换灯具，选用带支架（电子镇流器）稀土三基色 T5 节能灯管。只需取下 T8 灯管，摘除启辉器，换上 T5 稀土三基色日光灯管和配套的支架直接安装在原 T8 灯管处即可。

6.3.4.2　技术可行性分析

T5 灯管的主要优势如下。

① 高光效、高节能。T5 高效节能荧光灯管所用荧光粉为优质稀土三基色荧光粉。发光效率高达 95lm/W，光通量衰减小，在点燃 10000h 后光通量维持率高达 92%。

② 高频率、无频闪效应危害。T5 高效节能灯所匹配的电子镇流器，其交流-直流-交流（AC-DC-AC）变换频率高达 45kHz 以上，光通量波动小于 5%，稳定无频闪，消除了频闪效应危害性。

③ 高显色性能、色彩逼真。T5 高频率高光效节能灯的显色指数 R 值大于 80，接近于太阳光的显色性能（R 值=100），观看彩色物体时鲜艳逼真，照明环境明亮、舒适。

④ 低故障率、寿命长。T5 高效节能灯的寿命可达 12000h。

该大厦分别对 6 只 T8 灯管和 6 只 T5 灯管同时进行耗电测试。测试时间 3080min。测试结果为，T5 灯管在测试期耗电 6.4kW·h，T8 灯管在测试期耗电 13.1kW·h。T5 灯管比 T8 灯管节省电量 51%。

通过测试，T8 单只灯管实耗电功率为：$13.1kW \cdot h \div 51.3h \div 6$ 只 $=$ $42.56W/$只；T5 单只灯管实耗电功率为：$6.4kW \cdot h \div 51.3h \div 6$ 只 $=$ $20.79W/$只，节省电耗 51%。

6.3.4.3 经济可行性分析

一次性投资费用：68 元/只 $\times 2000$ 只 $= 136000$ 元

T8 灯管年耗电量：$42.56W/$只 $\times 2000$ 只 $\times 10h \times 365d/a = 310688kW \cdot h$

T5 灯管年耗电量：$20.79W/$只 $\times 2000$ 只 $\times 10h \times 365d/a = 151767kW \cdot h$

节约电能：$310688kW \cdot h - 151767kW \cdot h = 158921kW \cdot h$

由于大厦用电方式为商业用电，价格为 1 元/$(kW \cdot h)$。按此电价计算，每年可节约电费 15.89 万元，约 9 个月可收回投资。同时，由于 T5 灯管使用寿命较长，还可减少日常维修维护的工作量。

该方案总投资 13.6 万元，新增效益（节电）15.89 万元/年，投资偿还期 0.79 年，NPV$=107.92$ 万元 >0，IRR$=126.3\%$，如表 6-13 所列。该项目是经济可行的。

表 6-13　方案经济分析指标汇总

序号	项　目	T8 灯管更换为 T5 灯管	
		计　算　式	结果
1	总投资/万元		13.6
2	新增效益/万元		15.89
3	折旧费/万元	$13.6 \times 0.95 \div 10$	1.29
4	投资偿还期/年	$N = \dfrac{I}{F} = \dfrac{13.6}{15.89+1.29}$	0.79
5	净现值（NPV）/万元	$NPV = \sum\limits_{j=1}^{n} \dfrac{F}{(1+i)^j} - I$	107.92
6	内部收益率（IRR）/%	$\sum\limits_{j=1}^{n} \dfrac{F}{(1+IRR)^j} - I = 0$	126.3

6.3.4.4 环境可行性分析

高效节能意味着以消耗较少的电能获得足够的照明，从而减少电厂大气污染物的排放，达到环保的目的。安全、舒适指的是光照清晰、柔和及不产生紫外线、眩光等有害光照，不产生光污染。推广绿色照明工程就是逐步普及绿色高效照明灯具，以替代传统的低效照明光源。现在的中国面临巨大的能源、环境压力，需要依靠科技的力量，需要提高全民的节能意识来改变这种状况。

方案实施后，预计年节电 158921kW·h。

6.3.5　更换 1301 灭火系统

6.3.5.1　方案简述

某商务楼宇使用的灭火系统为哈龙 1301。哈龙 1301 主要是通过打破燃烧过程中的一系列化学反应达到灭火目的的。其性能为：商用名称　1301；符号　Halon1301；化学式　CF_3Br；灭火浓度　5%；臭氧消耗潜能值 ODP（对臭氧层的影响性）　16；温室效应期　2；大气留存期　160 年；储存压力　25bar（1bar=10^5Pa）。

该商务楼宇从环境保护的角度出发，根据"关于发布《消耗臭氧层物质（ODS）替代品推荐目录（修订）》的公告（环函〔2007〕185 号）"的相关要求，拟采用七氟丙烷灭火系统替代哈龙 1301 灭火系统。

6.3.5.2　技术可行性分析

七氟丙烷灭火系统是参照美国国家消防标准 NFPA-2001-1996《清净气体灭火剂灭火系统设计规范》的技术指标和要求研制的新产品。该系统是一种取代哈龙 1211、哈龙 1301 灭火系统较为理想的环保型气体灭火设备，它具有清洁、低毒、电绝缘性好、灭火效率高等特点。它适用于扑灭下列火灾：a. 电气火灾；b. 液体火灾或可熔化的固体火灾；c. 固体表面火灾。

该系统主要适用于数据中心、通信中心、电脑中心、控制中心、档案馆、图书馆、银行、发电站、化工厂、地铁、机场及办公大楼重要机房、变配电间等。

系统的结构和工作原理如下。当某个区域发生火灾时，设于该区的感烟感温探测器先后动作，此时报警控制器立即发出声光报警信号，并送出启动指令，打开启动容器的阀门，使高压启动气体放出，此高压气体先打开有关的选择阀使钢瓶组与发生火灾的区域连通。此高压气体又作用于七氟丙烷容器的瓶头阀，使阀门打开，则药剂通过管路向着火区域喷放药剂灭火，在报警控制器的面板上不但显示出着火区域，而且显示出药剂是否正常喷出的情况。

系统的结构和工作原理示意如图 6-16 所示。

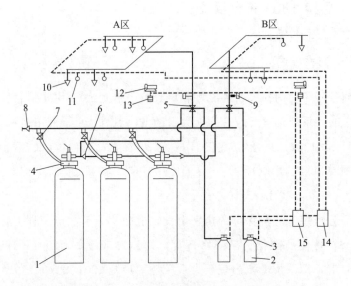

图 6-16　系统的结构和工作原理示意

1—灭火剂钢瓶；2—启动小钢瓶；3—闸刀式电磁瓶头阀；

4—瓶头阀；5—选择分配阀；6—启动气路单向阀；7—单向阀；

8—安全阀；9—压力继电器；10—喷嘴；11—火灾探测器；

12—报警器；13—手动操纵板；14、15—报警控制器

七氟丙烷灭火系统如图 6-17 所示。

七氟丙烷灭火系统的主要技术参数如下。

① 灭火剂储存钢瓶容积：40～100L。

② 系统设计工作压力（20℃）：4.2MPa 或 2.5MPa。

③ 药剂喷射时间：≤10s。

④ 启动钢瓶容积：3L。

图 6-17　七氟丙烷灭火系统

⑤ 启动钢瓶压力（20℃）：(7.8＋0.5)MPa。

⑥ 供电（主电源）：交流 220V，直流 24V。

⑦ 使用环境温度：0～50℃。

⑧ 储存充装率：≤1150kg/m³。

⑨ 保护区面积：≤500m²。

⑩ 保护区容积：≤2000m³。

总体来看，七氟丙烷灭火系统在技术上是可行的。

6.3.5.3　经济可行性分析

本项目总投资如表 6-14 所列。

表 6-14　项目总投资

序号	项目名称	单价/万元
1	主材	55.3
2	辅材管材	8
3	施工费	7.8
4	税金	2.4
合计		73.5

6.3.5.4 环境可行性分析

由于哈龙灭火剂对环境的影响，对大气臭氧层的破坏，不同程度地造成全球变暖，1987 年 9 月，24 个国家的代表在加拿大蒙特利尔签订了《关于消耗臭氧层物质的蒙特利尔议定书》（以下简称《议定书》），对包括哈龙在内的给大气臭氧层造成损害的物质的生产和消费进行了限制。中国于 1991 年正式成为《议定书》的缔约国，在 2005 年全面淘汰哈龙 1211，2010 年停止生产哈龙 1301。用七氟丙烷灭火系统替代哈龙 1301 具有明显的环境效益。

6.3.6 建造雨水收集系统

6.3.6.1 方案简述

根据北京市有关雨水收集的要求，该楼宇物业利用东区独特的北高南低、西高东低的地势特点，拟在楼宇东侧建一座蓄水 $3000m^3$ 的雨水收集池。下雨时，将雨水引入蓄水池，然后用提升泵输给中水管网用于楼宇内绿化和造景用水。

雨水收集工艺流程如图 6-18 所示。

雨水汇入雨水沟 → 进入集雨池 → 经沉淀井过滤 → 提升泵引水 → 汇入中水管道 → 到各用水点

图 6-18　雨水收集工艺流程

6.3.6.2 技术可行性分析

此项工程在无雨水时可作为中水的储水池，以解决楼宇中水储水量小、产水及用水不均衡的问题，增大中水回用量。主要建设内容包括蓄水池、水处理机房、雨水管沟、回用管线及水处理设备采购安装等工程。该方案技术成熟，容易实施，节能效果显著。

6.3.6.3 经济可行性分析

该项目的一次性投资费用如表 6-15 所列。

表 6-15　项目一次性投资费用

投资分析及估算						
单元	名称	参数	单位	数量	单价/元	总价/万元
土建施工	蓄水池		m^3	3000	350	105
	集水明沟	$0.5 \times 1 \times 60$	m	30	800	2.4
	机房		m^2	20	1800	3.6
供水系统	水泵		套	1		11
	配电		套	1		8
	上、下水管路		套	1		20
工程造价						150

该方案的经济分析指标如表 6-16 所列。

表 6-16　方案经济分析指标汇总

序号	项　目	建造集雨池	
		计　算　式	结果
1	总投资/万元		150
2	新增效益（节水）/万元		15
3	折旧费/万元	$111 \times 0.95 \div 15 + 39 \times 0.95 \div 10$	10.74
4	投资偿还期/年	$N = \dfrac{I}{F} = \dfrac{150}{15 + 10.74}$	5.83
5	净现值（NPV）/万元	$NPV = \sum\limits_{j=1}^{n} \dfrac{F}{(1+i)^j} - I$	32.05
6	内部收益率（IRR）/%	$\sum\limits_{j=1}^{n} \dfrac{F}{(1+IRR)^j} - I = 0$	11.25

此项工程完工后，将缓解绿地浇灌高峰期中水不足的问题，对楼宇节水工作的开展起到了积极的推动作用。保守估计每年可节水 6 万多立方米，直接节约资金 15 万元。通过以上分析，结合实际情况以及特殊的地理位置，该方案在经济上是可行的。

6.3.6.4　环境可行性分析

随着经济的快速发展，水资源的需求量也随之增加，水资源短缺的现状已成为制约经济发展的瓶颈。雨水利用工程的实施，既美化了楼宇整体环境，同时又加强了人与自然的亲和力，还完善了基础设施建设，节省了大量的绿化景观用水。

6.4 清洁生产经验分析

6.4.1 甲大厦清洁生产经验分析

甲大厦以写字楼出租为主，写字楼内餐饮、小商品、商务、邮政、会议室、库房、停车场、机票等多种配套服务设施一应俱全。

甲大厦的主体系统设施包括供暖空调通风系统、给排水系统、配电系统、餐厨系统、照明系统、电梯系统、室内设备系统、消防系统。

甲大厦换热站由原来的蒸汽-水换热系统换为水-水换热系统，供热方式的转换提高了能源利用效率，但其园区供热管网大部分是 20 世纪 90 年代修建的，运行已达 20 年以上，且使用的管线均为铸铁管线，热能损失、管线腐蚀、"跑、冒、滴、漏"较严重，每天系统补水量超标，供暖的安全与质量难以保障，甲大厦物业管理中心决定对现有供热管网室外二次供暖管线进行改造。

以热力站供热量进行计算，甲大厦需采暖面积 $29740m^2$，采暖消耗标准煤约 $458.85t$，进行水-水换热后进行了热计量，并对二次管网采取了保温措施后，采暖季的耗热量累计为 9339GJ，折标煤约 $318.65t$，节省 $140.2t$。

6.4.2 乙大厦清洁生产经验分析

乙大厦为一连体建筑，分 A 座、B 座、裙楼及地下，总建筑面积 $65000m^2$，楼内办公人员约 4000 人。主建筑朝向为正南，大厦 A 座为 30 层，地下 4 层，地上 26 层；裙房地上 6 层，地下 4 层；B 座地上 9 层，地下 3 层。

乙大厦的主要系统有空调通风系统、采暖系统、采暖综合服务系统、室内设备及照明系统等。

由于乙大厦建筑使用功能多样，办公、会议、商业、餐饮等功能均有，因此，空调系统末端也分为多种形式，并采用风机盘管加新风系统。另外，部分机房、控制室、餐厅及广发银行配有分体空调。

近年来，乙大厦进行了多项节能改造措施：a. 将原有 5.5kW 供暖循环泵更换为 7.5kW 循环泵，原冬季 24h 开启 2 台，改造后只开启 1 台 7.5kW 循环泵，年节电 10080kW·h；b. 改造大堂及食堂电梯厅照明，把原有的镭射灯改为节能灯，电梯厅改造前年耗电量为 20279.4kW·h，改造后每年耗电量为 1059.96kW·h，每年节电 19219.44kW·h。

乙大厦进行第二次改造，包括电梯控制柜与变频器改造、冷却塔风机改造、冷却塔供冷改造、更换节能灯具等。

以电梯控制柜与变频器改造为例，电梯控制柜是用于运作的装置，其可以使多部电梯按照规定程序集中调度和控制。乙大厦的多部电梯独立运行，不能根据多部的运行状况对用户命令做出合理反应，空载运行严重，对电能造成了极大的浪费。作为电梯驱动部件的曳引机，其能耗占到电梯耗电量的 80% 以上，因此节能环保的永磁同步曳引机的应用有着特别重要的意义。

乙大厦共设置 6 部电梯，各自独立运行，空载情况严重，加装集控装置，并优化集控装置的运行程序，将 6 部电梯分为单双号并运行，通过此改造减少电梯能源浪费现象。

变频器对电梯的控制是 S 型，启动和停止加速度都比较小，而中间过程加速度比较大，节能是变频器的优点。改造需要加装 3 台变频器，实现对电梯系统的运行控制。

6.4.3　丙大厦清洁生产经验分析

丙大厦为 5A 级高档智能综合写字楼。其中，写字楼 5 栋、公寓楼 1 栋、商业配套楼 3 栋，占地面积 11635.2m²，建筑面积 128000m²，建筑高度 95.45m，楼层数量包括地下 4 层、地上 24 层。

商务楼宇中央空调系统的能耗占整个建筑物能耗的 60%～70%，而中央空调系统中，冷水机组的能耗占到整个空调能耗的 $60\%\sim70\%$，水泵水塔的能耗占到整个空调系统能耗的 $10\%\sim20\%$，由此可知，机房设备的能耗占整个建筑物能耗的 50% 左右，因此对机房设备进行节能控制很重要，是进行能源节约、减少物业管理费用的捷径。大厦原设计方案中包括了机房设备的自动控制，但是，在建设阶段由于各种原因没有进行装备。因此，目前冷冻机房内的机电设备操作完全是由人工手动控制。为了在运营过程中降低能耗，节约运行成本，需进行中央空调系统设备的自动控制改造。同时，由于没有对冷却塔的运行进行控制，冷却塔是随机选择的，在运行过程中将造成能源的浪费。

改造前，丙大厦有 10 台冷却塔负责冷却冷机所需冷却水。手动控制无法根据冷机的组合变化、变化的温度和负载变化而变化。

对该大厦的供冷系统自控和冷却塔变频进行改造。其中，供冷系统自控改造采用江森公司的机房群控系统，该系统可以满足最小化的建筑能源消耗、最小化的运营人员需求以及完善的建筑设备监测和控制等条件。

冷却塔变频改造方法如下。将 8 台冷却风扇的启动都改造为变频启动，在条件满足的情况下，变频和非变频方式结合使用。同时，保留直接启动方式作为备用，在变频启动突然出现故障或常规检修时采用直接启动方式。现有控制盘改造为可以变频启动和直启转换的控制盘。在每台冷却塔底盘安装 1 个温度传感器以传输信号给温度控制器，温度控制器根据传感器反馈的温度与设定温度来控制变频器的启停。通过改变冷却塔的风扇转速保持冷水机组冷却水进水温度 $\leqslant30.5℃$。

本方案实施后，预计每年可节电 $14.64\times10^4\,kW\cdot h$。

6.4.4 丁大厦清洁生产经验分析

丁大厦总建筑面积近 10 万平方米，由主楼和裙楼组成。大厦主楼高 125m，是一座高档智能化综合写字楼。

根据丁大厦现有能源利用状况的统计分析，其照明系统的电耗占建筑总能耗比重较大，这与整体建筑照明灯具数量较多、使用高亮度镭射灯及大功率灯具密切相关。近年来，丁大厦内部公共区域照明灯具基本已经更换为节能型 LED 灯具，且修改夜景照明开启时间，原开启时间为降旗时间，现将夜景照明开启时间修改为比降旗时间延时 25min 开启，该项举措具有较好的节能效果，但大厦外立面安装了大量的景观灯，包括部分霓虹灯、荧光灯等，能耗相对较高，仍有节能空间。

改进措施：将原有景观灯更换为 LED 射灯，大大降低灯具的功率，实现节电的目的。

采用分区、分时控制后，能够实现年节电约 $1.4 \times 10^4 kW \cdot h$，折合标煤为 1.7t/a，按照《2013 年中国区域电网基准线排放因子》，折合减排二氧化碳 1.8t/a。

参考文献

[1] 张海迎，李爽，陈佳美. 现代商务楼宇的节水适用标准比较及建议 [J]. 中国给水排水，2013，29（16）：27-31.

[2] 汤佳佳. 论楼宇自控系统在绿色建筑中的应用 [J]. 城市建设理论研究，2014，32：23-27.

[3] 蔡伊秋，于兵，张芸芸. 绿色建筑节水设计在深圳某商务楼宇中的工程实践 [J]. 建设科技，2012，92：64-66.

[4] 吴莲珍. 浅谈楼宇经济发展中的既有建筑绿色改造 [J]. 现代经济信息，2016，25：380.

[5] 李斌. 智能绿色建筑中楼宇自控系统的设计探讨 [J]. 山西建筑，2014，30（4）：14-15.

[6] 李诚. 既有建筑绿建化节能改造 EPC 模式案例探讨 [J]. 绿色建筑，2013，5：22-25.

[7] 孔清峰. 热泵技术及其应用概述 [J]. 建筑节能，2008，34（25）：210-211.

[8] 杨西伟，郝斌，郑瑞成. 我国主要建筑节能技术应用与发展（下）[J]. 建筑节能，2007，9：43-48.

[9] Laundry Water Re-Use for Marine Wastewater Treatment Systems [EB/OL]. http://www.hydroxyl.com/products/cleansea.html.

第7章

商务楼宇行业清洁生产典型案例

7.1 清洁生产典型案例一

7.1.1 企业基本情况

某公司负责 A 大厦和 B 大厦的物业管理。A 大厦总建筑面积近 $5.61\times10^4 m^2$，地上 23 层，地下 3 层，有主楼和 A、B 两座 4 层附楼，主要以写字楼出租为主。大厦入住率达 91%，经营面积 $5.61\times10^4 m^2$。大厦外主立面为蓝灰色玻璃幕墙和灰色铝幕墙，玻璃幕墙由双层中空玻璃制成，铝幕墙内为 300mm 厚陶粒空心砖墙和 50mm 阻燃岩棉保温材料。外露的钢筋混凝土墙内侧贴 60mm 厚聚苯板，裙房墙面为丰镇黑磨光花岗岩贴面。

B 大厦是甲级写字楼，进驻客户 40 家，出租率达 90% 以上。大厦除写字间外，另设商务会议中心、休闲会所、餐厅等。大厦总建筑面积为 $42753.65 m^2$。大厦共 26 层（地上 23 层，地下 3 层），房屋净高 2.5m。大厦外立面为蓝灰色玻璃幕墙和灰色铝幕墙，裙房墙面为丰镇黑磨光花岗岩贴面及挂式大玻璃幕墙。大堂地面为美国白麻花岗岩，立柱及墙面为环形黄砂岩，顶棚为白色复合铝板。

7.1.2　预审核

7.1.2.1　主体设施情况

大厦空调系统、供配电系统、供热系统、新风系统、给排水系统、电梯系统、照明系统、楼宇自控系统、消防系统的基本情况如表 7-1、表 7-2 所列。

表 7-1　A 大厦基础设施基本情况

序号	基础设施	基本情况
1	空调系统	空调系统采用美国约克公司螺杆式冷冻机组,2 用 1 备,制冷功率为 400×3 冷吨。大厦采用市政热力集中供暖,通过风机盘管进行送热
2	供配电系统	采用 10kV 双路供电,总装机容量为 3200kV·A,主楼每层提供照明、插座负荷开关为 200A(三相),每层各房间采用独立电表箱,单独计量,每户为单相 16~25A 总开
3	供热系统	冬季采用市政热力集中供热。2 台板式换热器用于冬季采暖,3 台半容积式换热器供应 B3~23 层的冬季生活热水
4	新风系统	中心空调系统为组合式空调机组＋变风量末端系统。组合式空调机组分别安装在每层的空调机房内,各机组配备混合段、过滤段、表冷段、加热段、加湿段、风机段等,屋顶安装转轮式新风机组,将室内排风换热后的新风经过新风竖井送至各层空调机组。空调机组将新风与回风处理后送至末端 VAV 系统,VAV 系统根据末端负荷的变化调整送风量
5	给排水系统	给水水源为市政自来水,通过给水管引入大厦地下一层,低区生活用水为 B3 到地上 3 层,中区是 4~15 层,高区是 16~23 层。中、高区用水由生活给水泵经 B3 层提升到楼顶水箱后再供给中、高区;排水系统采用污废合流制系统,卫生间废水进化粪池,厨房废水进隔油池,处理后进入市政污水系统
6	电梯系统	电梯 11 部。其中,主楼客体 6 部,货梯 2 部,液压梯 2 部,A、B 座中庭 1 部
7	照明系统	照明系统分为室内照明系统和室外照明系统,室内照明灯具主要包括紧凑型荧光灯、直管型荧光灯,室外照明灯主要采用霓虹灯
8	楼宇自控系统	楼宇自控系统包括 1 台中央站、2 台 NCRS 中央控制器、5 台 NICON 通信设备、74 台 DDC 控制器、95 台 PRU 控制器及 MS2000 系统中的所有设备(包括温度和湿度传感器、防霜冻传感器、压力传感器、风压差开关、热水与冷水调节阀门、风门驱动器等)
9	消防系统	使用 ABC 干粉灭火器及水基灭火器作为应急灭火设备,火灾报警联动控制器为智能光电控制器

表 7-2　B 大厦基础设施基本情况

序号	基础设施	基本情况
1	空调系统	空调系统采用直燃吸收式机组,共 2 台
2	供配电系统	采用 10kV 双路供电,总装机容量为 3200kV·A,主楼每层提供照明、插座负荷开关为 200A(三相),每层各房间采用独立电表箱,单独计量,每户为单相 16～25A 总开
3	供热系统	冬季采用市政热力集中供热。2 台板式换热器用于冬季采暖,3 台半容积式换热器供应 B3～23 层的冬季生活热水
4	新风系统	中心空调系统为组合式空调机组＋变风量末端系统。组合式空调机组分别安装在每层的空调机房内,各机组配备混合段、过滤段、表冷段、加热段、加湿段、风机段等,为保证室内新风,屋顶安装了转轮式新风机组,将与室内排风换热后的新风经过新风竖井送至各层空调机组。空调机组将新风与回风处理后送至末端 VAV 系统,VAV 系统根据末端负荷的变化调整送风量
5	给排水系统	给水水源为市政自来水,通过给水管引入大厦地下一层,低区生活用水为 B3 到地上 3 层,中区是 4～13 层,高区是 14～23 层。中、高区用水由生活给水泵经 B3 层打入中、高区,目前有 2 台变频水泵,1 备 1 用;排水系统采用污废合流制系统,卫生间排水进化粪池,厨房废水进隔油池,处理后进入市政污水系统
6	电梯系统	电梯 5 部(其中客体 4 部,货梯 1 部)
7	照明系统	照明系统分为室内照明系统和室外照明系统,室内照明灯具主要包括紧凑型荧光灯、直管型荧光灯,室外照明灯主要采用霓虹灯
8	楼宇自控系统	楼宇自控系统包括 1 台中央站、2 台 NCRS 中央控制器、5 台 NICON 通信设备、74 台 DDC 控制器、95 台 PRU 控制器及 MS2000 系统中的所有设备(包括温度和湿度传感器、防霜冻传感器、压力传感器、风压差开关、热水与冷水调节阀门、风门驱动器等)
9	消防系统	使用二氧化碳灭火器、ABC 干粉灭火器、泡沫灭火器

7.1.2.2　原辅材料消耗情况

原辅材料主要为厕所卫生间洗涤用品。主要原辅材料消耗情况如表 7-3 所列。

表 7-3　主要原辅材料消耗情况

序号	名称	单位	规格	A 大厦数量	B 大厦数量
1	洗手液	桶	10kg	126	—
2	洁厕剂	桶	10kg	72	120
3	消毒液	桶	10kg	126	84
4	洗涤灵	桶	10kg	95	96
5	洗衣粉	袋	—	156	60
6	垃圾袋	个	90×100	30600	30000
7	白垃圾袋	捆	1×80	1692	36000

7.1.2.3　能源消耗分析

从能源消费结构来看，商务楼宇主要的能源消耗为电和天然气，两座大厦各种能源消耗及综合能耗情况见表 7-4～表 7-6。

表 7-4　2012 年 A 大厦和 B 大厦电力消耗情况

指　　标	A 大厦	B 大厦	合计
建筑面积/m^2	56100	42753	98853
耗电量/(10^4kW・h/a)	397.128	344.382	741.510
电耗折标煤/(10^4t/a)	0.049	0.042	0.091
单位建筑面积电耗/[kW・h/(m^2・a)]	70.789	80.552	75.011

注：电力折标系数为 1kW・h=0.1229kgce。

表 7-5　2012 年 A 大厦和 B 大厦天然气及热量消耗情况

指标	数值
A 大厦	
建筑面积/m^2	56100
耗气量/(10^4m^3/a)	9.218
采暖耗热量/(GJ/a)	8486
天然气折标煤/(10^4t/a)	0.0112
采暖耗热折标煤/[10^4t/(m^2・a)]	0.0290
B 大厦	
建筑面积/m^2	42753
耗气量/(10^4m^3/a)	40.856
天然气折标煤/(10^4t/a)	0.0496
合计	
天然气和热量消耗折标煤/(10^4t/a)	0.0898

表 7-6　2012 年 A 大厦和 B 大厦综合能耗情况

指　　标	A 大厦	B 大厦	合计
建筑面积/m^2	56100	42753	98853
总能耗/(10^4tce/a)	0.089	0.091	0.180
单位建筑面积综合能耗/[kgce/(m^2・a)]	15.898	21.425	18.29

7.1.2.4 水资源消耗情况

两座大厦的水资源消耗情况如表 7-7 所列。由表可知，两座大厦单位面积水耗均符合北京市地方标准《公共生活取水定额 第 6 部分：写字楼》（DB11/T 554.6）中的相关要求。

表 7-7 2012 年 A 大厦和 B 大厦水资源消耗情况

项　目	A 大厦	B 大厦	合计
整体建筑面积/m²	56100	42753	98853
耗水量/m³	31701	37001	68702
单位建筑面积取水量/[m³/(m²·a)]	0.565	0.865	0.695

7.1.2.5 主要污染物排放及控制情况

（1）水污染物排放及控制情况

两座大厦的主要用水单元包括餐饮系统用水、写字间用水、绿化用水、游泳洗浴用水。公司主要的用水设备包括洗漱间冲厕用水设备、洗手盆、餐饮用水设备、娱乐休闲用水设备、空调系统用水设备。产生的废水主要包括各层卫生间废水、餐饮废水、娱乐设施废水。其中，卫生间洗漱盆废水经过中水处理系统后用于冲厕，餐饮废水经隔油池处理后排入市政管网，其余废水经化粪池处理后排入市政管网。废水排放统计表见表 7-8。

表 7-8 废水排放统计表

项　目	A 大厦	B 大厦
卫生间及公共区域废水/(10⁴m³/a)	2.47	2.7034
餐饮废水/(10⁴m³/a)	0.7	0.9967

（2）大气污染物排放及控制情况

废气主要来自于餐饮油烟及地下车库尾气排放。大厦在车库内安装了排风装置，定期采用手持式汽车尾气分析仪对地下车库尾气进行检测，尚未检测到超标排放情况。

（3）固体废物排放及控制情况

固体废物包括生活垃圾和餐厨垃圾两部分。其中生活垃圾包括废旧办公用品。固体废物中的废机油、灯管等委托有资质的单位进行处理，废旧办公用品委托废品回收单位进行回收利用，见表7-9。

表 7-9　公司固体废物回收及处理

分类	废物名称	处理/处置方法	处置去向
不可回收废物	生活垃圾（如洗手间废物、过期变质食物、瓜皮果壳、烟灰等）、办公用品废物（如各种笔等）、纸杯、纸吸管	丢弃	垃圾站
可回收废物	包装纸箱、办公废纸、废报纸、废杂志、废书籍、废销售凭证、废布件等	出售	废品回收公司
	废木材（一次性木筷、柜台、包装箱等）	出售	
	易拉罐等金属器皿、其他废金属	出售	
	玻璃器皿、碎玻璃	出售	
	废塑料带、废电线等	出售	
危险废物	废硒鼓、废打印机色带、墨盒等	回收	危废公司
	废机油	回收	
	废灯管、废电池	回收	

（4）噪声控制情况

噪声主要来源于厨房排烟系统、新风系统和制冷系统。由于大厦制冷设备均安装于地下三层，且均安装隔声装置，声环境达标。

7.1.2.6　公司清洁生产现状分析

大厦大部分设施设备符合《高耗能落后机电设备（产品）淘汰目录》要求，只有少部分高能耗设备属于第二批目录中的设备。通过本轮审核，公司对需要更换的部分设备进行了更新，没有更换的设备均制订了淘汰计划。根据《商务楼宇清洁生产评价指标体系》，大厦清洁生产得分 84.98 分，达到清洁生产先进水平。

7.1.2.7　确定清洁生产审核重点

本轮清洁生产审核确定用能系统、用水系统为审核重点。

7.1.2.8 设置清洁生产目标

本轮清洁生产审核目标如表 7-10 所列。

表 7-10 清洁生产审核目标

序号	清洁生产指标	现状	近期目标		远期目标	
			绝对量	相对量/%	绝对量	相对量/%
1	单位面积电耗/(kW·h/m²)	75.01	74.00	1.35	73.50	2.01
2	单位面积综合能耗/(kg/m²)	18.29	18.20	0.49	18.00	1.59
3	单位面积取用水量/(m³/m²)	0.695	0.65	6.47	0.60	13.67

7.1.3 审核

7.1.3.1 电平衡测试及分析

（1）A 大厦

根据测试结果可知，大厦线损占总体电耗的 2%，未计量电耗占总体电耗的 2.47%。从用电量比例上看，公共区域用电占总电耗的 56.48%，商务出租用电占 43.5%。主要电耗为 4～23 层客户用电及公共区域中控用电，占总用电的 72%。A 大厦各用电单元用电情况如图 7-1 所示。

（2）B 大厦

实测期间，B 大厦商务办公区域用电量占总用电量的 60%，公共区域用电量占总用电量的 40%。这是由于实测期间大厦供暖功能转换，主要用能设备停用，使得公共区域用能降低。公共区域用电中，空调通风系统用能及公共照明所占比重较大，其中空调通风系统占公共区域用电的 12%，公共区域照明占公共区域用电的 7%。客户用电中，商务办公占商务出租用电的 99.7%，是商务出租电的主要单元，由于商务办公中商务照明和商务电脑用电无法单独计量，因此 B 大厦应完善商务办公的计量器具。B 大厦各用电单元用电情况如图 7-2 所示。

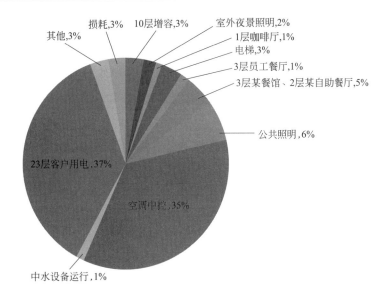

图 7-1　A 大厦电力消耗情况

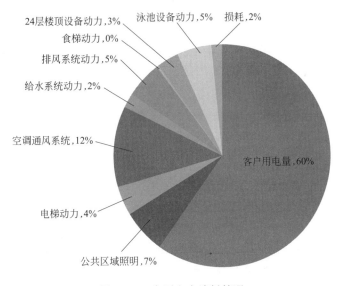

图 7-2　B 大厦电力消耗情况

7.1.3.2　水平衡测试及分析

两座大厦由于服务形态均以写字楼出租为主，因此水耗特点基本一致。

实测期间，大厦主要用水为楼内保洁用水、卫生间洗手盆用水、卫生间马桶用水、食堂用水、中水水池补水。此外，两座大厦各层卫生间面盆废水和清洁间废水经过回收处理后用于大厦冲厕，提高了废水回用率。

其中，A 大厦一级表计量读数为 88.75t，二级表计量总读数为 88.5t，计量误差 0.3%。实测期间 A 大厦日均中水回用量为 5t，中水回用率为 6.7%。

B 大厦一级表计量读数为 80.2t，二级表计量读数为 79t，计量误差为 1.5%。实测期间 B 大厦日均中水回用量为 3t，中水回用率为 13.9%。B 大厦计量系统不完善，应补充计量器具。

7.1.3.3 热平衡测试及分析

A 大厦采用市政热水作为一次热源，一次热源冬季 105℃/60℃，经板式换热器和循环水泵进行水-水换热后供给采暖热水系统，水温控制在 45℃/35℃。由于 B 大厦采用直燃机组供热，因此本轮审核仅对 A 大厦进行热平衡测试，如图 7-3 所示。

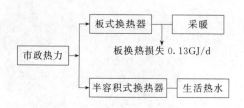

图 7-3　A 大厦热交换站热平衡

通过对 A 大厦进行热力消耗测试可知，大厦平均每日用热 49.12GJ/d，通过板式换热器后分别供给高、低区的供热。其中，采暖用热量占总热力消耗的 92.63%，生活热水占总热力消耗的 7.37%。

7.1.4　审核方案的产生与筛选

部分清洁生产方案如表 7-11 所列。

表 7-11　部分清洁生产方案

编号	方案类型	方案名称	解决措施
1	服务流程	加强洗手液消耗管理	加强对写字楼人员的宣传工作,减少工作人员对洗手液及其他物品的使用
2		加强消毒液及清洁剂消耗管理	严格按照消毒液使用的配比,降低清洁剂的使用量
3		加强卫生纸消耗管理	通过楼层保洁员回收大盘手纸芯,按回收数量到库房领取新的大盘手纸,控制领用量,降低成本
4	设备维护与更新	计量器具不完善	增加 B 大厦低区生活用水水表
5		存在高能耗设备	更换节能设备
6		采用应急灭火系统	A 大厦更换灭火系统,增加七氟丙烷灭火系统
7		更换节水水龙头	更换卫生间现有水龙头为节水水龙头
8		中央空调增加数控开关	中央空调应采用通风系统智能控制、变频调速等节能技术,手控改数控
9		B 大厦自控系统升级	改造自控系统,将空调控制阀加装自控阀,可实现分区分层供暖
10			
11		更换 LED 灯	将 B 大厦、A 大厦车库普通光源更换为 LED 灯
12		更换 B 大厦冷冻水泵、冷却水泵	由于 B 大厦空调系统所用冷冻水泵、冷却水泵属于高能耗产品,不符合相关政策要求,应替换为高效节能水泵
13	过程优化	加强新风机组管理	目前两座大厦分别有会议室一层,租用期间可加强管理,可在会议结束前半小时关掉新风机组
14		大厦 B3 及车场连通	目前两座大厦地下 3 层为独立管理,将车库连通,统一管理两座大厦的用电
15	废物回收利用和循环使用	B 大厦中水系统改造	改造 B 大厦中水系统,提高处理效率
16			
17		提高租户废物回收意识	租户通过废旧物品的回收换取电动车免费充电卡
18	培训与管理	建立、完善能源相关管理制度	完善现有管理制度,建立节能降耗相关管理制度
19		加强餐饮区域用水管理	餐饮区域用水量较大,通过给餐饮员工培训节能减排和清洁生产知识,养成节水习惯,避免长流水
20			

中/高费方案作为备选方案如表 7-12 所列。

表 7-12　备选中/高费方案

序号	名称	内容
1	A 大厦更换灭火系统	用七氟丙烷灭火器替代现有应急灭火系统
2	B 大厦改造升级自控系统	改造自控系统,将空调控制阀加装自控阀,可实现分区分层供暖

序号	名称	内容
3	更换 LED 灯	将 B 大厦、A 大厦车库普通光源更换为 LED 灯
4	更换 B 大厦冷冻水泵、冷却水泵	由于 B 大厦空调系统所用冷冻水泵、冷却水泵属于高能耗产品,不符合相关政策要求,应替换为高效节能水泵
5	更换 B 大厦翻窗	为提升服务质量,更换 B 大厦东侧、北侧翻窗
6	大厦 B3 及车场连通	两座大厦地下 3 层为独立管理,将车库连通
7	B 大厦中水系统改造	维护更新 B 大厦中水系统,提高中水使用效率

7.1.5 中/高费方案可行性分析

7.1.5.1 更换 LED 灯

（1）方案简介

根据现有能源利用状况的统计分析,其照明系统的电耗占建筑总能耗比重较大,这与整体建筑内部照明灯具数量较多,大厦内非装饰灯使用高亮度射灯、大功率灯具密切相关,公司将大厦公共区域部分长明灯具替换为 LED 灯。

（2）技术可行性分析

LED 光源技术作为新一代节能光源,相比普通节能灯具有很多优势,如 LED 光源不含重金属汞、使用低压电源、高光效、低功耗、适用性强、寿命长、响应时间短、耐频繁开关、光衰小等优点,且采用集成封装技术后解决了 LED 散热难题。采用高效率恒流源,功率因数为 0.97,采用一体化灯壳设计,既保证了良好的散热效果,又延长了灯具的整体使用寿命,适用于办公楼、公共场所、酒店宾馆、商场和工业等照明,节能效果显著。

LED 光源技术还具备以下优点:就照明品质来说,由于 LED 光源没有热量、紫外与红外辐射,与传统的镭射灯、节能灯光源比较,灯具不需要附加滤光装置,照明系统简单,费用低廉,易于安装;就寿命长短来说，LED 光源依靠半导体芯片发光，无灯丝，无玻璃泡，不怕振动，不易破碎，使用寿命可达 50000h，而普通节能灯的使用寿命只有 8000h；就发光效率来说，LED 光源实验室测得的最高光效可达 260lm/W，而上市的经封装后制成的 LED 节能灯具，光效率在 100lm/W 左右，而白炽灯仅为 15lm/W 左右，质量好的节能灯在 60lm/W 左右，现在 LED 节能灯光效普遍高于其他常见光源，且可以作为节能灯的替代光源。公司拟将现有部分在用灯具更换为 LED 节能灯具。

（3）环境可行性分析

通过节能灯改造，该项目实施后 B 大厦年可节电 $5.257 \times 10^4 \mathrm{kW \cdot h}$。

（4）经济可行性分析

该方案总投资 7.5 万元，年节约电费 5.257 万元，投资偿还期为 1.43 年，NPV＝14.14＞0，IRR＝64.23％＞8％，方案是经济可行的。

7.1.5.2　更换冷冻水泵、冷却水泵

（1）方案简介

B 大厦空调系统从投入使用至今，保证了大厦客户对空调的需求，但随着现在社会的发展，人们对生活质量的要求日益提高，大厦空调需求量大大提高，原有空调系统的富余量越来越小，使用负荷增加，显得有些乏力。冷冻水泵、冷却水泵零部件损坏，设备维修的次数日益频繁，阀部件出现闭合不严、锈蚀的现象，有些阀部件甚至出现失灵的情况，从目前 B 大厦空调系统运行情况看来，空调水系统流量不足，系统循环运行效果不佳。

根据系统的运行情况、对现场情况的勘察以及对大厦实际情况的考虑，导致大厦空调系统运行不佳的主要原因是：大厦冷冻水泵、冷却水泵老化和加装变频后低效率，造成水泵的流量与扬程满足不了现在大厦的需求量；空调系统阀部件闭合不严，锈蚀、失灵的情况增加了系统水流量的损耗。

现有冷冻水泵、冷却水泵、电动机均在《高耗能落后机电设备（产品）淘汰目录（第二批）》中，因此，决定将 B 大厦现有冷却水泵、冷

冻水泵及电动机进行更换。

（2）技术可行性分析

本方案将现有高能耗设备更换为高效节能机电设备，具体方案如下。

① 将 B 大厦现有冷冻水泵、冷却水泵更换，选用低运行成本、超长寿命、维护简易、应用灵活的新型节能水泵。

② 更换大厦空调系统的部分阀部件，保证系统运行质量。

③ 待水泵更换完毕以后，在以后的日常运行中，做到勤保养。

（3）环境可行性分析

更换高能耗水泵，降低电耗，年节电 $6.66 \times 10^4 \mathrm{kW \cdot h}$。

（4）经济可行性分析

该方案实施后年节省电费 6.66 万元。该方案的投资偿还期为 19 年，NPV＜0，不具有经济可行性。但现有电动机和水泵不符合产业政策要求，应立即更换。

7.1.5.3　B 大厦中水系统更新

（1）方案简介

B 大厦现有一个中水处理站，中水水源为大厦卫生间洗漱、洗浴排水。中水系统处于瘫痪状态，多次维修使用效果达不到最佳，中水泵渗漏严重。

（2）技术可行性分析

本方案仍采用原处理设施，对老化设备进行更换和维修。具体包括以下措施。

① 加装调节池曝气机，更换生化池 SNP 悬浮填料。

② 更换加压泵和中水泵。

③ 对消毒装置进行清洗，对加药装置进行更换，对石英过滤器进行更换。

④ 对整个中水处理工艺自动控制和联动控制进行改造。

⑤ 对中水处理池内侧进行重新防腐处理。

（3）环境可行性分析

通过对老旧设备的更新，中水处理系统能够正常运行，且出水水质可以达到《城市污水再生利用 城市杂用水水质》（GB/T 18920—2002）。

项目实施后，最大中水处理能力达到 $30m^3/d$，预计年处理量约为 4500t。通过中水回用，每年减少新鲜水耗 4500t。

（4）经济可行性分析

该方案投资 14.262 万元，年节水 4500t，可节约水费 27945 元。投资偿还期为 5.1 年，NPV＝5.5＞0，IRR＝14.56％，方案是经济可行的。

7.1.6　持续清洁生产

企业通过开展清洁生产审核，深刻地认识到污染预防和过程控制的重要性，特别是无/低费方案的实施，使企业获得了较为明显的经济效益和环境效益。基于此，企业决定将清洁生产审核纳入到日常管理、生产过程中去，使其组织化、制度化、持续化。

持续清洁生产的工作重点是，建立推行和管理清洁生产工作的组织机构、建立促进实施清洁生产的管理制度、制订持续清洁生产计划以及编写清洁生产审核报告。

（1）健全完善企业清洁生产组织机构

清洁生产是一个动态的、相对的概念，是一个连续的过程。随着社会的进步、科学技术的不断提高和组织自身的变化，清洁生产也将无止境地发展。在一定程度上，工程部门承担着与清洁生产审核相近的工作任务，但还缺乏清洁生产审核所具备的系统性，因此，公司将清洁生产审核纳入工程部门的工作职能中，充分地发挥其组织架构的作用，更好地推动清洁生产审核工作。

（2）健全完善企业清洁生产管理制度

清洁生产管理制度包括把审核成果纳入公司的日常管理轨道、建立激励机制和保证稳定的清洁生产资金来源。特别是通过清洁生产审核产生的一些无/低费方案的改善，应在奖金、升级、降级、上岗、下岗、表彰、批评等诸多方面充分与清洁生产挂钩，保证实施清洁生产所产生的经济效益，全部或部分地用于清洁生产和清洁生产审核，以持续滚动地推进清洁生产。

为了不断推动清洁生产审核工作的持续开展，公司制定了《清洁生产管理制度》和《清洁生产奖励管理办法》。

（3）制订持续清洁生产计划

通过实施清洁生产审核，员工对清洁生产的概念已经有了一个初步的认识，但还未真正理解其深刻内涵，因此需要对员工进行持续的清洁生产培训，使清洁生产的理念真正地融入员工的思想中，并成为每位员工的工作习惯。为了更好地进行下一轮清洁生产审核工作，企业制订了清洁生产新一轮审核工作计划、方案实施计划及职工的培训计划来保证清洁生产的实施效果。

7.2 清洁生产典型案例二

7.2.1 企业基本情况

J 物业公司在管物业项目共有 6 个，总管理面积约为 $1.66 \times 10^6 \, \text{m}^2$，员工总数约为 1100 人。其中包括 Z 大厦和 K 中心。

Z 大厦竣工于 1995 年，占地面积 3136.3m^2，总建筑面积 49065.9m^2。大厦的服务以写字楼出租为主，提供餐饮、小商品、商务、邮政、会议室、库房、停车场等多种配套服务设施。大厦共有 29 层，地上 26 层，地下 3 层。目前，大厦租户共计 39 家，以金融、投资与资产管理为主。

K 中心占地面积 4.4hm^2，建设用地 2.2hm^2，总建筑面积 $19.4 \times 10^4 \text{m}^2$。中心的服务以写字楼出租为主，提供餐饮、小商品、商务、邮政、会议室、库房、停车场等多种配套服务设施。大厦共有 17 层，地上 13 层，地下 4 层。目前，中心租户共计 45 家，以金融、投资与资产管理为主。

7.2.2 预审核

7.2.2.1 主体设施情况

Z大厦和K中心的空调系统、供配电系统、供热系统、新风系统、给排水系统、电梯系统、照明系统、楼宇自控系统等基本情况如表7-13、表7-14所列。

表7-13 Z大厦基础设施基本情况

序号	基础设施	基本情况
1	空调系统	中央空调系统的总装机容量为16525kW,可调控室内温度、湿度和新风,共有制冷机组3组,制冷机共选用4台容量为3870kW的离心式冷水机组和1台容量为1060kW的螺杆式冷水机组,其中,1#、2#制冷机组为空调蓄冰双工况(运行方式为冰蓄冷方式),3#制冷机组为单制冷工况
2	供配电系统	大厦采用双路供电,2台变压器,总装机容量为4000kV·A(各为2000kV·A)。每层提供电源总开关为125A(三相),每户1个三相总开关,每层2~3个进户箱,对每个租户进行单独计量
3	供热系统	空调系统和采暖系统共有5台列管式换热器,主要有空调系统列管式换热器、空调系统循环泵、采暖系统列管式换热器、采暖系统循环泵、低区生活热水容积式换热器、高区生活热水容积式换热器
4	新风系统	中心空调系统为组合式空调机组+变风量末端系统。组合式空调机组分别安装在每层的空调机房内,各机组配备混合段、过滤段、表冷段、加热段、加湿段、风机段等,为保证室内新风,屋顶安装了转轮式新风机组,将与室内排风换热后的新风经过新风竖井送至各层空调机组。空调机组将新风与回风处理后送至末端VAV系统,VAV系统根据末端负荷的变化调整送风量,新风机组共32台
5	给排水系统	新鲜水为市政自来水,通过直径DN150的给水管引入大厦地下3层的给水泵房。给水分为高、低2个区;地下3层至地上3层为低区,由市政管网直接供水;地上4~22层为高区,由无负压生活给水泵供水。新鲜水主要用于生活用水、制冷机组用水和冷却塔用水。排水系统采用污废合流制系统。地上部分排水采用重力流,直接排至室外污水管道;地下排水由潜污泵提升后排至室外排水管道,共有4台3kW潜污泵。废水主要有厨房含油废水和卫生间废水,经操作间排至室外进入隔油池,隔油处理后,再排入市政排水管网。卫生间废水先排至室外化粪池,再排入市政排水管网
6	电梯系统	电梯11部,额定载重量为1350kg,额定速度为2.5m/s
7	照明系统	照明系统分为室内照明和室外照明,室内照明主要包括T8 25只、T5 88只、节能灯423只、LED677只、金属卤素灯10只、立面照明灯111只
8	楼宇自控系统	楼宇自控系统包括1台中央站、2台NCRS中央控制器、5台NICON通信设备、74台DDC控制器、95台PRU控制器以及MS2000系统中的所有设备(包括:温度和湿度传感器、防霜冻传感器、压力传感器、风压差开关、热水与冷水调节阀门、风门驱动器等)

序号	基础设施	基本情况
9	消防系统	大厦消防报警系统包括火灾报警系统、燃气报警系统、事故广播系统、消防对讲电话系统、消防联动系统、气体灭火系统以及各系统所有的设备(包括复合式烟感探测器1300多个、温感探测器160多个、燃气探测器8个、防火卷帘门、排烟阀、防火阀、消防广播、手报按钮、插孔电话、水流指示器等),大厦现用灭火器为干粉灭火器,数量1069个

表 7-14 K 中心基础设施基本情况

序号	基础设施	基本情况
1	空调系统	总装机容量为16525kW。考虑到建筑空调负荷的变化特点,制冷机共选用4台容量为3870kW的离心式冷水机组和1台容量为1060kW的螺杆式冷水机组,同时,设置与其相配套的冷却水泵和冷冻水一、二次泵等
2	供配电系统	采用市政双路供电,并配备应急1200kW柴油发电机与市电联锁切换;共安装10台变压器,总供电容量为 $2\times10^4 kV\cdot A$
3	供热系统	空调系统和采暖系统共有5台列管式换热器,主要有空调系统列管式换热器、空调系统循环泵、采暖系统列管式换热器、采暖系统循环泵、低区生活热水容积式换热器、高区生活热水容积式换热器
4	新风系统	中心空调系统为组合式空调机组+变风量末端系统。组合式空调机组分别安装在每层的空调机房内,各机组配备混合段、过滤段、表冷段、加热段、加湿段、风机段等,为保证室内新风,屋顶安装了转轮式新风机组,将与室内排风换热后的新风经新风竖井送至各层空调机组。空调机组将新风与回风处理后送至末端VAV系统,VAV系统根据末端负荷的变化调整送风量
5	给排水系统	城市双路供水,东北和西南方向各引入一路DN200的城市市政给水供水管路,从地下四层生活水泵房,经过计量,变频给水装置供应到各个楼层,并在建筑红线内形成环网,供大厦室内外生活及消防用水。 生活热水源:城市热力管网供给一次水,经热交换器间接换热后,24h集中供应生活热水。 管道直饮水采用有价物质分离的先进工程——膜技术,对市政自来水进行深度净化,将其转化为卫生、新鲜的直饮水,水质达到建设部《饮用净水水质标准》(CJ 94—2005)相关要求。 中水水源:卫生间洗手盆废水、浴室的洗浴排水、空调排污废水等优质排水作为中水原水,采用ITT-LOWARA进口中水水泵抽送。 污水排入中心西南角市政污水干线
6	电梯系统	24部群控客梯,采用目的楼层呼叫系统,VVVF控制系统,速度2.5m/s;消防电梯6部,额定载重量1600kg,额定速度1.75m/s;中转电梯4部,额定载重量1600kg,额定速度1.75m/s
7	照明系统	照明系统分为室内照明和室外照明,室内照明主要包括T4 1000只、T5 3700只、节能灯157只、烛形灯408只、射泡灯391只、射灯3799只
8	消防系统	现有灭火器2种类别,分别为干粉ABC型和二氧化碳型;灭火器数量共有1710个,火灾报警采用联动控制器报警方式

7.2.2.2　水资源消耗分析

Z 大厦年用水量为 43970t，物业自用水量为 36081t，租户使用水量为 7889t。

K 中心年用水量为 124289t，物业自用水量为 114015t，租户使用水量为 10274t。

对物业自用水量占大厦总用水量的比例进行分析，可以看出，大厦的主要用水是物业自用水量，即生活用水（员工餐厅、盥洗等）、制冷机组用水、冷却塔用水。

7.2.2.3　能源消耗分析

Z 大厦近 3 年的综合能耗见表 7-15。

表 7-15　Z 大厦近 3 年综合能耗计算

年度	能源名称	电	天然气	热力	合计
	折标煤系数	$1.229tce/(10^4kW \cdot h)$	$12.143tce/m^3$	$0.0341tce/GJ$	—
年份 1	消耗量	$5.64201 \times 10^6 kW \cdot h$	$30597m^3$	$21778GJ$	—
	折算为标煤/tce	693.40	37.15	742.63	1473.18
	折算为标煤后占比/%	47.1	2.5	50.4	100
年份 2	消耗量	$5.8497 \times 10^6 kW \cdot h$	$22380m^3$	$11969GJ$	—
	折算为标煤/tce	718.93	27.18	408.14	1154.25
	折算为标煤后占比/%	62.29	2.35	35.36	100
年份 3	消耗量	$6.1503 \times 10^6 kW \cdot h$	$18203m^3$	$11458GJ$	—
	折算为标煤/tce	755.88	22.10	390.72	1168.69
	折算为标煤后占比/%	64.7	1.9	33.4	100

折标煤后，热力占总能耗的比例逐年下降，电力占总能耗的比例逐年上升。对于年份 3，折标煤后，大厦的用电占总能耗的比例最高为 64.7%；其次是热力，占比为 33.4%。

计算 Z 大厦近 3 年单位建筑面积电耗、单位建筑面积综合能耗，见表 7-16。

表 7-16　Z 大厦近 3 年单位建筑面积电耗、单位建筑面积综合能耗

指标	年份 1	年份 2	年份 3
单位建筑面积电耗/[kW·h/(m²·a)]	114.99	119.22	125.35
单位建筑面积综合能耗/[kgce/(m²·a)]	30.02	25.06	23.82

注：建筑面积为 49065.9m²。

由表 7-16 可以看出，单位建筑面积电耗逐年上升，但单位建筑面积综合能耗逐年下降。

K 中心近 3 年能源消耗情况如表 7-17 所列。

表 7-17　K 中心近 3 年能源消耗情况

年度	电力/10⁴kW·h	天然气/m³	热力/GJ	综合能耗/tce			
				电力折标煤	天然气折标煤	热力折标煤	合计
年份 1	2112.90	46637	23843.8	2596.75	56.63	813.07	3466.46
年份 2	2176.33	50831	20932.3	2674.71	61.72	713.79	3450.23
年份 3	2228.78	61475	22602.1	2739.17	74.65	770.73	3584.55

近年来 K 中心综合能耗呈逐年下降趋势，从能源消耗结构上看，天然气与电力的消耗比重有所增加，热力的消耗比重有所下降。

7.2.2.4　主要污染物排放及控制情况

（1）水污染物排放及控制情况

Z 大厦产生的废水主要有厨房含油废水和卫生间废水。

厨房含油废水来自于员工餐厅，经操作间排至室外进入隔油池，隔油处理后，再排入市政排水管网。隔油池设计处理规模为处理量 10t/d。

卫生间废水先排至室外化粪池，再排入市政排水管网。化粪池大小设计处理规模为处理量 80t/d。

对总排放口水质进行监测，2012 年各污染物排放浓度能够达到北京市《水污染物综合排放标准》（DB11/307—2013）中"排入城镇污水处理厂的水污染物排放限值"中二类标准限值。

K 中心排放废水主要来自办公商业及公建设施排放的生活污水和厨房排放废水，厨房污水先经隔油池进行处理，最后与厕所、洗衣房废水等污水汇合，经化粪池预处理后排入市政污水管网。

（2）大气污染物排放及控制情况

Z 大厦的废气来源于员工餐厅产生的餐饮油烟，采用静电式油烟净化器对油烟进行净化。静电式油烟净化器的净化效率高，正常运营条件下油烟净化率高于 90%，并能去除大部分气味。

地下车库值班员接触一氧化碳、二氧化氮危害因素的检测结果符合《工作场所有害因素职业接触限值 第 1 部分：化学有害因素》要求（GBZ 2.1—2007）。

K 中心地下 1 层设有厨房，提供三餐，废气来源于员工餐厅产生的餐饮油烟，厨房油烟经排烟罩集中收集，安装油烟净化装置处理油烟，并对油烟过滤器的滤芯定期清洗或更换，同时采取适当加大室内通风、排风量的措施。

（3）固废排放及控制情况

Z 大厦固体废物有厨余垃圾和办公产生的固体废物。

厨余垃圾来自于员工餐厅，厨余垃圾产生后送垃圾站后由区环境卫生服务中心清运。办公产生的固体废物种类、处理处置情况见表 7-18。

表 7-18　办公产生的固体废物种类、处理处置情况

分类	废物名称	处理/处置方法	处置去向
不可回收废物	生活垃圾（如洗手间废物、过期变质食物、瓜皮果壳、烟灰等）	送垃圾站	由环境卫生服务中心清运
	办公用品废物（如各种笔等）	送垃圾站	
可回收废物	包装纸箱、办公废纸、废报纸、废杂志、废书籍、废销售凭证、废布件等	废品回收	废品回收公司
	废木材（一次性木筷、柜台、包装箱等）	废品回收	
	纸杯、纸吸管	废品回收	
	易拉罐等金属器皿、其他废金属	废品回收	
	玻璃器皿、碎玻璃	废品回收	
	废塑料带、废电线等	废品回收	
危险废物	废硒鼓、废打印机色带、墨盒等	环保处置	交有资质公司进行处理
	油垢	环保处置	
	废油料、稀料金属桶	环保处置	
	日光灯管、灯泡	环保处置	
	废电池	环保处置	

K 中心产生的固体废物有厨余垃圾和办公产生的固体废物。其中,废纸、废纸壳等办公垃圾占 50%,可进行回收再生利用,其余固体废物及时清运。

7.2.2.5 清洁生产现状水平分析

综合对比《清洁生产评价指标体系 商务楼宇》计算 J 公司清洁生产得分为 91.63 分,达到清洁生产领先水平。

7.2.2.6 确定审核重点

根据能耗、水耗消耗情况的对比,本轮清洁生产审核重点为 Z 大厦。

7.2.2.7 设置清洁生产目标

本轮清洁生产审核目标如表 7-19 所列。

表 7-19 本轮清洁生产审核目标

项目	现状	近期目标		中远期目标	
		绝对量	相对量/%	绝对量	相对量/%
Z 大厦单位建筑面积综合能耗/[kgce/(m² · a)]	23.7	22.515	−5	20	−15.6
Z 大厦单位建筑面积取水量/[m³/(m² · a)]	0.9	0.89	−1.5	0.86	−5
Z 大厦单位建筑面积废水产生量/[m³/(m² · a)]	0.72	0.714	−1.5	0.68	−5

7.2.3 审核

7.2.3.1 Z 大厦水平衡测试

Z 大厦用水主要集中在洗衣房、员工浴室、冷却塔补水、卫生间、茶水间等在内的生活用水,其中,卫生间及茶水间用水占比最大,其次为冷却塔补水,外租客户用水量排名第三。Z 大厦用水分布如图 7-4 所示。

7.2.3.2　Z大厦电平衡测试

审核期间，Z大厦用电量为 $3.83 \times 10^5 \, \mathrm{kW \cdot h/月}$，外租客户用电量占总用电量的 49%，冷冻机组占总用电量的 29%，地下设备用电占总用电量的 15%。Z大厦各部分用电分布如图 7-5 所示。

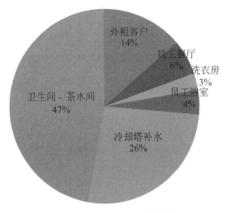

图 7-4　Z大厦用水分布

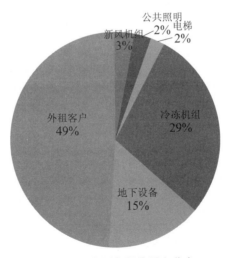

图 7-5　Z大厦各部分用电分布

7.2.4　审核方案的产生和筛选

部分清洁生产方案如表 7-20 所列。

表 7-20 部分清洁生产方案

序号	方案名称	存在问题	方案内容
1	大堂来客登记系统自动化	大堂来客登记表使用的是纸质登记表,既浪费用纸,又不利于管理	大堂来客登记系统使用电子自动登记系统,提升工作效率,也节约用纸
2	采取多种措施节约燃气	燃气使用有浪费现象,如菜品制作完成后,未能及时关闭燃气	采取多种措施,节约燃气:(1)合理使用蒸箱,减少蒸箱使用数量,节约燃气;(2)严格控制蒸制时间,菜品熟透后,及时关闭燃气
3	物业服务和维修产生的废旧材料重复利用	物业服务和维修产生的废旧材料目前有时直接作废,未重复利用	物业的服务和维修是经常的,重复利用一些短小、细的废旧材料
4	空调系统改造	(1)制冷机组、冷冻泵、冷却泵的使用年限已久,耗电量较高,效率较低;(2)空调系统末端设备使用年限已久,另外办公区没有排风口,靠正压压入的实际送风效果较差,室内环境不佳	(1)将 1#、2#、3# 制冷机组改为更节能高效的制冷机组;(2)使用更加符合现在输送水平的冷冻泵和冷却泵,从而降低水泵运行能耗;(3)保留现有风机盘管＋新风系统,更换新型风机盘管和新型新风机组,增加排风系统
5	热力站改造	列管式换热器和容积式换热罐由于使用年限较久,设备老化,管壁结垢,换热系数较低	列管式换热器更换为板式换热器;容积式换热罐更换为波节管换热器
6	照明系统改造	主楼和配楼的公共区域、车库、强/弱电井的灯具的光源为普通节能灯、T8 日光灯,地下车库为高压自镇汞灯,灯具效率较低,部分节能灯内含有汞元素,若灯管破坏,将会危及人体安全	更换公共区域、地下车库、强/弱电井的灯具和光源,将部分灯源改为 LED 灯,T8 日光灯改为 LED 光源 T5 日光灯,并相应地,将公共区域照明系统的控制方式改为红外感应控制方式
7	计量和自控系统改造	(1)对于计量系统,改造前大厦只是每层装有电表,没有针对用电系统进行分项计量;(2)空调通风系统只有送风系统,无排风系统,无法及时更新室内空气,室内环境不佳。为保证室内环境质量,新风机组一直开启,浪费能源	(1)计量系统改造:按用电分项管理细化区分,如空调和通风系统(冷水机组、冷冻泵、分体空调等)、采暖系统(热力站、采暖泵等)、照明系统、重点用能设备、电梯、中控室等分类计量。另外,为了更好地进行管理,将部分非远传电表改成远传电表。(2)自控系统改造:室内新风自控系统安装 CO_2 传感器,与一次风阀、空调机组送风机连锁运行,控制室内送风量与新风量,满足室内新风量的要求。在每层风机盘管 4 个支路处(4 个方向:东、西、南、北)加装电动阀,与 4 个方向区域的风机盘管联动,减少冷媒的损耗

续表

序号	方案名称	存在问题	方案内容
8	大厦公共区域生活用水主管线分别加装减压阀	卫生间自来水水压过大,使用时易喷溅,造成水资源浪费,且易造成冷、热水不均衡	大厦共有 29 层,对全部楼层的生活用水主管线分别加装减压阀,每个楼层加装 2 个,以降低水压,减少水资源的浪费
9	将卫生间水龙头改成感应式水龙头	大厦内部分卫生间的自来水龙头还是手动的,经常出现关不严实漏水现象,造成水资源的浪费	将卫生间水龙头改成感应式水龙头,节约水资源
10	优化楼宇新风系统运行模式	新风系统有时不能满足租户启停的需求,午餐时间仍然开启,造成电能的浪费	制订了楼宇新风系统运行模式实施方案,要求:随时根据租户办公时间细化空调启停;每天中午利用租户午餐时间,停止新风机组运行 30～40min
11	妥善处理处置硒鼓	办公室打印机硒鼓含有害化学物质,废旧处理应注意环境污染问题	批量处理废旧硒鼓时先联系保洁主管,确定好硒鼓数量,确认签字后,联系保洁员处理
12	给租户制订节能、节水、减排等制度或方针	对于租户,目前只有口头的节能、节水、减排要求,还没有纸质的节能、节水、减排制度或方针	给租户制订节能、节水、减排等制度或方针,在租户入住前,说明相关要求
13	及时关闭用电器,节约用电	有浪费电能的现象	采取多种措施节约用电: (1)餐厅电视机看完后及时关闭; (2)消防通道有灯照明,且消防通道侧边的灯没必要长时间打开,设有开关,无人时可将其关灯,避免浪费; (3)地下车库在有强光照射不需要开灯的时间段,及时关闭照明灯; (4)上班时,在满足照明的前提下,关闭富余的照明灯; (5)在办公场所,随时注意各种办公设备的工作运行状态,如工作电脑、打印机、复印机等,下班后要完全断电,只保留必要的通信设备; (6)电脑显示屏设置休眠状态
14	食堂清洗蔬菜后的水重复利用	食堂清洗蔬菜后的水直接排放到下水道中,造成水资源的浪费	将清洗蔬菜后的水放置到大桶内,留作清洁卫生之用或清洗后的干净水重用于洗菜
15	减少一次性餐具的使用和废旧餐盒的产生	餐厅就餐时间使用大量的一次性餐饮用具,就餐后产生大量的生活垃圾	倡导楼内客户自带餐具进行打包,减少一次性餐具的使用和废旧餐盒的产生

续表

序号	方案名称	存在问题	方案内容
16	定期对抽水马桶和水龙头进行检查,及时调节或更换设备	抽水马桶的按键灵敏度不够,需长时间按或出水量不好控制,水龙头反应灵敏度不够精准,造成浪费	定期对抽水马桶和水龙头进行检查,及时更换设备或调节设备精度,精准地控制水流大小与时间

7.2.5 中/高费方案可行性分析

7.2.5.1 Z大厦热力站改造

（1）方案简介

Z大厦热力站建于1995年,总供热面积约$4.27 \times 10^4 \text{m}^2$。站内设有普通采暖、空调采暖、高区生活热水和低区生活热水4个系统。普通采暖和空调采暖换热设备为5组列管式换热器,高区和低区生活热水系统换热设备为容积式换热罐。列管式换热器和容积式换热罐由于使用年限较久,设备老化,管壁结垢,换热系数较低。

根据Z大厦发展的实际需要,拟对热力站内的4个系统的换热器进行更换,提高设备的换热效率。

（2）技术可行性分析

常用的换热器主要有管壳式换热器（列管式换热器即为管壳式换热器）和板式换热器两种。通过比选,普通采暖和空调采暖系统的列管式换热器将换为板式换热器。

另外,对于高区和低区生活热水系统的换热器,拟更换为在传统列管式换热器基础上发展而来的波节管换热器。

（3）环境可行性分析

改造前热力消耗量11458GJ/a,改造后热力消耗量9485 GJ/a,节热量1973 GJ /a。

经统计,改造前,热力站实际运行耗电量为93840kW·h/a,改造后,热力站运行耗电量为84521kW·h/a,则节电量为9319kW·h/a,折

合减排 CO_2 9.3t。

（4）经济可行性分析

该方案投资 417.4 万元。方案实施后，节热量 1973GJ/a，节约热力费用 10.96 万元/年；节电 9319kW·h/a，节约电费 1.12 万元/年。合计节约费用 12.08 万元/年。

该项目净现值<0。由于热力站列管式换热器和容积式换热罐使用年限较久，设备老化，传热系数较低。尽管经济不可行，但从节能、后期维护保养、保持设备高性能运转的角度来看，热力站改造后具有积极效果，该项目予以实施。

7.2.5.2　Z 大厦照明系统改造

（1）方案简介

Z 大厦改造前使用的灯具效率较低，照度不高。进行灯具改造，选用效率高、光效高、污染小、使用寿命更长、更节能的灯具。要求更换后灯具光效>150lm/W。

（2）技术可行性分析

LED 光源技术作为新一代节能光源，相比普通节能灯具有很多优势，如 LED 光源不含重金属汞、使用低压电源、光效高、功耗低、适用性强、寿命长、响应时间短、耐频繁开关、光衰小等，且采用集成封装技术后解决了 LED 散热难题，采用高效率恒流源，功率因数 0.97，采用一体化灯壳设计，既保证了良好的散热效果，又延长了灯具的整体使用寿命，适用于办公楼、公共场所、酒店宾馆、商场和工业等照明，节能效果显著。

因此，更换公共区域、地下车库、强/弱电井的灯具和光源，将部分灯源改为 LED 灯，T8 日光灯改为 LED 光源 T5 日光灯。相应地，将公共区域照明系统的控制方式改为红外感应控制方式。

（3）环境可行性分析

对改造前后的灯具用电量进行计算，年节电 $2.526×10^5$ kW·h。

（4）经济可行性分析

该项目投资 47.8 万元。项目实施后年节约电费 30.3 万元。

7.2.5.3　Z大厦计量系统改造

（1）方案简介

加装远传电表，一方面完善用电计量，另一方面实现远程管理。另外，对用热也加装了远传热表，方便管理。共安装80块远传电表和9块远传热表。

按用电分项管理细化区分，如空调和通风系统（冷水机组、冷冻泵、分体空调等）、采暖系统（热力站、采暖泵等）、照明系统、重点用能设备、电梯、中控室等分类计量统计，并对能耗进行统计分析，计算主要设备运行效率，对用能系统达到有效在线监控。

（2）技术可行性分析

远传电表和远传热表能实现对电和热的远程监控，便于管理，并节约能源。

改造时，共安装80块远传电表和9块远传热表。远传热表均安装在空调机房的热水管处用以计量至各用热点的用热量，属二级计量。

对照《用能单位能源计量器具配备和管理通则》（GB 17167—2006）进行计量改造，电力和热力均能满足进出用能单位和主要次级用能单位的要求。

（3）环境可行性分析

计量系统改造后，通过有效分析、管理及行为节能，节电1.758×10^5 kW·h/a。

（4）经济可行性分析

该方案投资63.8万元，节约电费21.1万元/a。

7.2.6　实施效果分析

该项目共提出37项方案，无/低费方案33项，中/高费方案4项。方案实施后，预计节水4711t/a，节约用纸17250张/a，节约燃气2420m³/a，节电2.0944×10^6 kW·h/a，减少餐厨垃圾22.5t/a，预计节约成本255.40万元/a。

方案实施后实际情况与近期清洁生产目标进行对比，可知 Z 大厦已完成清洁生产目标，如表 7-21 所列。

表 7-21 近期清洁生产目标完成情况

项目	Z 大厦单位建筑面积综合能耗/[kgce/(m² • a)]	Z 大厦单位建筑面积取水量/[m³/(m² • a)]	Z 大厦单位建筑面积废水产生量/[m³/(m² • a)]
清洁生产前	23.7	0.9	0.72
预期目标	22.515	0.89	0.714
已实施方案效果	节约燃气 1820m³/a，节约用电 5.976×10⁴kW • h/a	节约用水 150t/a	节约废水排放量 150×0.8m³/a=120m³/a
清洁生产方案后	22.28	0.89	0.714
目标完成情况	已完成		

7.2.7 持续清洁生产

企业通过开展清洁生产审核，制订了持续清洁生产计划，主要包括以下几个方面。

① 公司为后续推进清洁生产成立专门的组织机构，负责每轮清洁生产的审核工作。

② 后续清洁生产的领导小组与工作小组基本按本轮清洁生产审核的领导小组与工作小组执行。

③ 后续的清洁生产审核重点为以服务过程为主的节能、降耗、减污、增效。

④ 后续清洁生产目标仍按本轮清洁生产审核确定的目标执行。

⑤ 在本轮清洁生产审核中提出的拟实施的中/高费方案，职责部门仍要按计划进度实施。

第8章

清洁生产组织模式
和促进机制

8.1 清洁生产组织模式

8.1.1 健全政策标准体系

（1）调研摸清服务业清洁生产基础现状

开展服务业清洁生产现状的基础调研，了解不同服务行业能源资源消耗及废物排放现状、发展趋势，掌握不同行业的污染防治特点和规律，找准不同服务行业清洁生产的重点方向和重点环节。针对不同行业污染防治的需求，组织开展服务业清洁生产的技术、管理措施的应用状况调研及改进分析。针对部分已开展清洁生产审核的服务行业和重点领域，调研了解制约服务行业推行清洁生产的难点和问题。

（2）研究出台服务业清洁生产促进政策

根据《北京市清洁生产管理办法》，出台《北京市关于加快服务业清洁生产的工作意见》等政策文件，加强对服务业等各行业推行清洁生产的综合引导。认真贯彻国家规定的有关环境保护、节能节水、资源综合利用等清洁生产相关优惠政策，结合北京实际情况，研究完善具体的配套扶持措施。制定有利于服务业清洁生产的产业政策、技术开发和推广政策，在服务业重大项目的环境影响评价中强化清洁生产评价。

（3）建立完善企业内部相关清洁生产管理体制

立足北京市更加严格的环境保护质量要求，细化服务业清洁生产审核的管理要求，逐步建立行业标准体系。围绕商务办公清洁生产的特点，针对污染防治重点对象、重点环节，在借鉴商务楼宇清洁生产评价指标体系的基础上，明确商务楼宇能源和水资源总量控制、消耗限额及污染物排放标准。结合行业特点，研究建立切实可行的清洁生产方案，健全企业能源、水资源消费和污染排放计量器具，完善商务楼宇能源消耗、水资源消耗、办公用品消耗的统计、监测等相关标准及管理规范。

（4）政府专项政策支持和资金支持

随着市场经济的不断低迷，北京市商务楼宇行业之间出现了不正当竞争的现象，商务楼宇行业节能减排设备耗资大，成本回收难，且回收的期限较长，因此，采用节能减排设备实现清洁生产经营，对于商务楼宇行业的管理者或所有者来说是一种加大经营风险和资金风险的措施。实施清洁生产的仅仅是少数企业组织，在绝大多数企业组织没有实施清洁生产的情况下，实施清洁生产的企业组织觉得成本要增加，是吃亏的行为，而已经实施清洁生产的企业普遍看不到清洁生产对自身的好处。因此，大部分的商务楼宇企业不愿意进行设备改造和清洁生产经营。

鉴于这些情况，要推动北京市商务楼宇行业实现清洁生产，政府应出台相应的专项扶持政策，以支持商务楼宇行业实现清洁生产化经营，同时给予相应的资金扶持。

目前，北京市已经出台的《北京市清洁生产管理办法》中强调，北京市财政局将加强对清洁生产促进工作的资金投入，安排节能减排专项资金，用于支持清洁生产审核、中/高费项目实施、评估验收等清洁生产促进工作。对涉及基本建设的清洁生产项目，发改委将根据实际情况安排市政府固定资产投资予以支持。各区（县）财政部门也将加强资金投入，用于促进清洁生产工作；自愿性审核实施单位名单实行动态管理，由市发改委会同市级相关行业主管部门根据全市节能减排工作重点，通过公开征集、试点推荐等方式确定，不定期发布；对纳入名单的实施单位，政府也将给予资金支持；通过清洁生产审核评估的实施单位，享受审核费用补助。

《北京市清洁生产管理办法》中政府对清洁生产的资金支持在一定程度上促进了企业的清洁生产，除此之外，北京市还应出台针对商务楼宇等服务业清洁生产的资金补助管理办法，使得资金补助更贴合服务业自身的特点，更好地促进和推动北京市服务业清洁生产。

8.1.2 完善审核方法体系

（1）研究完善服务业清洁生产审核基础方法学

以现有清洁生产审核的方法学为基础，研究完善针对不同服务行业识别清洁生产审核重点的综合性、系统性方法学。针对各行业的能流、物质流、水流和污染排放系统，研究能量审核、物质流分析以及关键污染因子平衡分析等清洁生产专项审核方法。

（2）编制发布不同层面的清洁生产规范性技术文件

针对不同细分服务业的特点，编制发布商务楼宇清洁生产实施指南及清洁生产对照检查表。针对政府机构办公特点，编制并发布政府办公及配套设施清洁生产实施指南。针对空调、采暖、配电等典型设施设备，编制一系列清洁生产实施指南。

制定清洁生产方案产生方法和绩效评价方法标准；制定清洁生产审核验收绩效评价标准；制定服务业清洁生产审核报告编写规范等。

（3）研究完善服务业清洁生产评估管理方法学

建立服务业强制性清洁生产审核名单制度，每年公布强制性服务业清洁生产审核企业名单。结合服务业清洁生产审核工作的深入开展，研究完善对服务业清洁生产审核报告进行评估的办法。建立服务业清洁生产审核绩效跟踪与后评估机制，研究建立审核绩效评估方法，对依据服务业清洁生产审核方案组织实施的项目开展绩效后评估。

清洁生产审核单位的确定应进一步明确标准，可以参考节能审计以综合能耗为依据，或以污染物排放量、化学品消耗量等为依据，或者按照国家控制污染源确定的依据，不应什么单位都去开展清洁生产审核。将审核费补助经费落到实处，见到真正的效益，也可以突出审核工作的亮点。

8.1.3　构筑组织实施体系

（1）健全政府组织引导

落实《清洁生产促进法》相关要求，建立完善由市级清洁生产综合协调部门牵头，各市级行业主管部门参与的组织推进体系，健全服务业清洁生产协调联动的工作机制，形成多部门统筹协调、齐抓共管的服务业清洁生产促进合力。

（2）强化企业机制建设

引导企业强化环境责任，选取重点行业领域的典型单位，试点建立内部清洁生产组织机构，建立清洁生产责任制度。将清洁生产目标纳入单位发展规划，组织开展清洁生产行动。引导企业在服务经营过程中，加强对消费者等行为主体共同参与的调动，做到从采购、物流到服务等全过程的污染综合防控。支持总部型企业制定统一的企业清洁生产管理制度，自上而下统筹推进清洁生产。支持大型超市等产业链龙头型企业把清洁生产理念延伸到供应链的相关企业，共同实施清洁生产，打造绿色产业链。

（3）探索分层分类促进

探索实施以产权单位为统筹的服务业清洁生产整体促进机制，对服务业经营场所的硬件设施实施全方位、系统化的清洁生产审核与改造，加强产权单位对入驻经营单位和物业公共服务单位开展清洁生产的主导责任。针对学校、医院等集成住宿、餐饮、商业、办公等多种功能和业态的区域，在突出教育、医疗等相关经营活动的基础上，加强产权主体的统筹作用，实施区域化的、综合性的服务业清洁生产促进措施。

（4）强化统筹推进能力

发挥行业协会、社会团体的作用，鼓励有条件的重点行业协会成立行业清洁生产中心，提高行业内部自主清洁生产审核和实施能力。针对CBD、金融街等众多服务业集聚区，发挥园区管委会的总体组织和统筹推进作用，推动园区能源设施与环境设施的协同配置和共享，引导园区内企业、商场、餐饮等不同业态企业加强清洁生产。

（5）重点需要强调培训

加强对政府、协会、专家、机构和企业的培训。重点应关注企业层面的培训，通过意识和知识的灌输，从行业和企业层面推动才能促进行业自发节能减排。

8.1.4 搭建市场服务体系

（1）建立工作信息系统

建设覆盖工业与服务业等各个领域的清洁生产"两网三库"，向社会提供有关清洁生产方法和技术、可再生利用的废物供求以及清洁生产政策等方面的信息和服务。一是信息资讯与交流平台网络，宣传和推广清洁生产企业和成熟的清洁生产先进技术，连接企业和技术市场。二是建立政府清洁生产促进项目在线申报网络，实施清洁生产审核网上申报。三是建立清洁生产技术服务单位与专家数据库、清洁生产项目实施库、清洁生产企业数据库，实现企业清洁生产工作信息化。

（2）构建技术支撑体系

鼓励行业龙头企业积极与高校、科研院所开展重点领域清洁生产共性技术和关键技术研究、应用和推广，共建清洁生产技术推广服务平台或行业清洁生产促进联盟。支持节能环保企业和规划设计研究咨询机构，大力开发面向服务业清洁生产的技术、设备与解决方案，开展管理创新研究。

（3）培育咨询服务市场

鼓励发展服务业清洁生产审核及相关的能源审计、合同能源管理、节能监测等节能环保中介服务业，支持中介机构提升服务业清洁生产的业务能力。加强对服务业清洁生产审核等中介服务机构的培育扶持、监督管理，完善市场准入和退出机制，不断规范服务市场。鼓励北京服务业清洁生产审核等中介服务机构面向全国进行拓展，形成服务北京、辐射全国的服务业清洁生产市场服务体系。

对于咨询机构的管理可以考虑取消备案制，通过严格的审核阶段性评估和验收保证审核工作的质量。

（4）考虑成立清洁生产协会

由协会（或者由节能环保中心）管理机构，成立技术联盟，定期组织咨询机构进行技术交流，保证审核工作质量，推动技术研发、应用、推广。

建立北京市自己的清洁生产审核人员的培训资质，注重咨询、技术服务人员的继续教育工作。

8.1.5 夯实基础支撑体系

（1）科学细化服务业能耗、水耗计量

落实推进北京市《能源计量基础能力提升建设方案》，对服务业能耗较大的行业，试点开展智能化能源计量器具配备工作，推动各重点企业逐步规范能源、水计量器具配备。鼓励重点企业安装具有在线采集、远传、智能调控功能的能源、水计量器具，逐步推动企业建立能源计量管理系统，实现计量数据在线采集、实时监测。加强能源计量工作审查评价。

（2）健全服务业能耗、水耗统计，试点开展物耗统计

结合服务业的能耗、水耗特点，建立覆盖交通、公共机构等重点领域的能源和水消耗主要监测指标。研究建立服务业单位业务量能耗统计指标及评价方法。分析不同服务业态的能耗、水耗与物耗特点及其投入产出绩效，支持以企业为主体在部分行业试点开展物耗统计和物质流平衡分析。

（3）加强服务业能耗、水耗及污染物排放监测

整合现有服务业领域各类大型公共建筑和重点用能单位的节能在线监测系统，建立数据定期反馈和沟通机制，完善优化北京市统筹联动的"1＋4＋N"节能监测服务平台（国家城市能源计量中心一期）。建立全市中央空调在线计量监控系统，实现对空调能耗、水耗的有效监控。试点开展面向服务业的计量溯源体系建设，为加强服务业领域的源头污染防治提供数据支撑。

8.1.6 创建示范引导体系

（1）创建一批服务业清洁生产示范项目

整合利用各类服务业清洁生产技术手段，重点抓好高耗能、高耗水、重污染的行业技术攻关和节能减排技术研发、推广。支持服务企业高标准实施一批从设计、建设、改造到消费全过程，以技术、管理和行为为一体的综合改造示范项目，为同行业深入开展清洁生产改造树立标杆。发布服务业清洁生产典型项目案例，开展服务业清洁生产交流和成果展示，推广

成熟的清洁生产技术和解决方案。

（2）创建一批服务业清洁生产示范单位

针对服务类企事业单位，围绕建立清洁生产管理体系、规范开展清洁生产审核、采取清洁生产先进技术、系统实施清洁生产方案等内容，培育一批高标准开展服务业清洁生产的示范单位，树立典型，带动其他企业全面实施清洁生产。分行业探索建立服务企业清洁生产行为诚信体系，引导企业自愿开展清洁生产。

（3）创建一批服务业清洁生产示范园区

结合北京市服务业集聚区众多的情况，在现有的节能降耗、污染防治等工作开展基础较好的商务区、文化创意产业集聚区等以服务业为主的产业园区，以及新建的商务型产业园区，支持一批商务区实施全区性的、统筹性的清洁生产工程。发挥园区管委会在企业清洁生产中的总体组织和统筹推进作用，建立区域整体促进企业实施清洁生产的管理体系，推动园区内商务企业、商场超市、餐饮酒店、公共服务等不同业态企业共同开展清洁生产，加强园区能源设施与环境设施的协同配置和共享，塑造一批园区，成为全市推动服务业清洁生产的典范。

（4）考虑京津冀一体化清洁生产推行模式

应考虑如何将北京地区服务业清洁生产推行模式推广至河北、天津，如何利用北京资金带动其他区域服务业节能减排。

（5）建立审核申请、阶段性评估、验收（强制审核单位、中/高费方案补助单位、自愿验收单位）体系

考虑审核工作进度管理，要求在时限内完成；强调总体规划、服务型单位的布局、新建项目的节能减排设计等。

8.2 清洁生产鼓励政策及约束机制

8.2.1 鼓励政策

根据北京市发改委、北京市环保局和北京市经信委联合发布的《关于

加快推进实施清洁生产审核工作的通知》（京发改〔2014〕2097 号）的相关要求，北京市发改委、北京市财政局对清洁生产实施单位在审核中提出的中/高费项目给予资金支持。根据实施单位全部清洁生产项目的综合投入、进度计划、进展情况及预期成效等方面，确定补助项目及补助资金。单个项目补助标准原则上不得超过项目总投资额的 30％，总投资额大于 3000 万元（含）的中/高费项目原则上应纳入政府固定资产投资计划；单个项目补助金额最高不超过 2000 万元。总投资在 3000 万元以下的其他中/高费项目，由财政专项资金安排。已经享受市级政府资金支持的项目不再予以支持。

除对清洁生产企业的中/高费项目方案进行资金补助外，扩大税收的优惠范围也是对企业清洁生产工作开展的一种经济手段。仅有的《清洁生产促进法》第 35 条的增值税优惠措施还不够，对利用太阳能等清洁能源进行生产的项目，还要在企业所得税方面给予优惠，以鼓励开发使用清洁能源。对企业用于改进生产工艺、进行清洁生产的营业利润，可在企业所得税前减免等，以鼓励推行清洁生产工艺。对企业生产易回收利用或易处置降解的产品，应执行增值税优惠政策，企业所得税也可给予优惠等，以鼓励生产清洁的产品。

商务楼宇行业应当对主动实施清洁生产措施和项目的部门或团队给予鼓励。在实施清洁生产措施和项目的过程中，凡属于团队主动提出建议和方案、积极配合制造和安装、主动进行调试和试产、迅速投入使用并收到明显效果的，对表现突出的团队和个人给予奖励。为了鼓励积极参与清洁生产的员工，企业可以设立清洁生产特别奖励基金，对积极提交合理化建议及在清洁生产宣传、培训、竞赛等各项活动中表现优秀的员工给予奖励；对在节约能源、消除污染、清洁卫生等方面做出成绩的员工给予奖励。原则上按方案项目经济效益的大小予以奖励，也可根据项目创造性大小、水平高低、难易程度和生产发展贡献大小给予客观、公正的评奖。奖励标准可以包括采用奖、共同方案奖、效益奖、鼓励奖 4 种。采用奖可给予 100～500 元奖励（有特殊效果者，待实施后另行议奖）；共同方案奖，按奖励总额平分；效益奖可按直接提高经济效益的 5％～10％奖励。对积极提出方案、清洁生产主动性高、方案被采用的个人可给予 20～50 元的奖励。所有奖项的奖励程序由清洁生产审核小组每月对各部门方案管理情况进行考评，提出奖励意见，经清洁生产审核领导小组评议后奖励。

8.2.2 约束机制

税收作为一种重要的经济手段，对清洁生产的推行具有重要的引导与刺激作用。因此，改革资源税与消费税，如扩大资源税的征税范围，对以难降解、有污染效应的物质为原料，仍沿用国家颁布的淘汰技术和落后工艺进行生产的可能导致环境污染的产品，以及一次性使用的产品要征收消费税。开征环境税，并不是简单地增加企业的税负，而是在总税负基本不变的情况下，调整税收结构，通过税收对企业的环境绩效进行评判，奖优罚劣。现阶段北京市应对开征环境税进行充分的前期调研，确定征税对象、税率和起征点等。具体来说，环境税应实行超额累进税率，充分体现污染者付费、多污染多付费的原则。环境税这个新税种开征后，逐渐提高环境税率，降低其他税收，通过"绿色税收改革"，促进清洁生产的推广。

行业主管部门应严格执行环境管理和监督。对不采用清洁生产工艺和技术的饭店及餐厅，限制其经营许可证的颁发，金融机构不予贷款；对严重污染环境和能耗、水耗过高的住宿及餐饮企业，不采用清洁生产工艺、技术进行技术改造的，行业主管部门不得批准其恢复运营。

为了让清洁生产工作能够在企业内部顺利实施，企业也应当对其内部加强环境管理。企业可以对完成方案任务不好、落实工作不力或实施不力的部门，罚款100～200元；对完不成任务的部门，罚款300元。任何单位及个人无正当理由，不得阻止有关人员进行项目申报和有关工作，否则，罚款100元。对弄虚作假、骗取荣誉者应追回奖金，并视情节给予100～300元罚款。

8.2.3 商务楼宇实施清洁生产的要点

北京市实施商务楼宇清洁生产可从以下几个方面着手。

① 率先在建筑面积超过2万平方米的办公建筑推行清洁生产。推进对废旧电脑、打印机、复印机等办公用品和废电池、废弃荧光灯管等的分

类排放，实施垃圾分类收集，推动办公楼宇与资源综合利用企业开展点对点的定向、定时回收对接，强化废物回收管理，促进再生利用。

②　推行建筑绿色行为引导工程，加强商务楼宇节能运行管理。推行太阳能节能供水技术、智能电表水表、中央空调循环水系统变频节能技术、雨水收集、中水回用、CO_2 浓度控制新风量、供热系统智能温控与热计量等环保技术。

③　纳入审核名单的单位，应当提前做好清洁生产审核准备工作，在每年 2 月底前启动审核工作，原则上应在 7 月底前提交审核评估申请。享受政府清洁生产项目补助资金的单位、需开展强制性审核的单位应当在审核评估名单发布后的 1 年半内提出绩效验收申请。

参考文献

[1]　杨永杰 . 环境保护与清洁生产 [M] . 北京：化学工业出版社， 1996.

[2]　张天柱 . 中国清洁生产的十年 [J] . 产业与环境， 2003，增刊：21-26.

[3]　车卉淳 . 可持续发展框架下的清洁生产问题分析 [J] . 物流经济， 2007， 11： 52-53.

[4]　宋永欣 . 清洁生产、循环经济与可持续发展 [J] . 中国资源综合利用， 2008（4）：19-21.

[5]　周耀东 . 清洁生产、节能减排是企业可持续发展必由之路 [J] . 环境科学， 2008，37（2）： 60-62.

[6]　郑可 . 清洁生产是实施可持续发展战略的主要环节 [J] . 现代制造技术与装备， 2008（2）： 4-5.

附 录

行业政策类和技术类文件

1 政策类文件

1.1 《建设部关于发布〈城市中水设施管理暂行办法〉的通知》

《建设部关于发布〈城市中水设施管理暂行办法〉的通知》（1995年12月8日建城字第713号文）部分内容如下。

（1）为推动城市污水的综合利用，促进节约用水，根据国务院批准发布的《城市节约用水管理规定》及国家有关规定，制定本办法。

（2）本办法所称中水，是指部分生活优质杂排水经处理净化后，达到《生活杂用水水质标准》，可以在一定范围内重复使用的非饮用水。

本办法所称中水设施，是指中水的集水、净化处理、供水、计量、检测设施以及其他附属设施。

（3）凡水资源开发程度和水体自净能力基本达到资源可以承受能力地区的城市，应当建设中水设施。

（4）中水主要用于厕所冲洗、绿地和树木浇灌、道路清洁、车辆冲洗、基建施工、喷水池以及可以接受其水质标准的其他用水。

（5）各级城市建设行政主管部门负责城市中水设施的规划、建设和归口管理工作，各城市节水管理部门负责日常管理工作。

（6）城市建设行政主管部门应当根据城市总体规划和城市用水情况并结合各地实际，制订中水规划，作为城市供水发展规划的组成部分，按计划组织建设。

（7）中水设施建设根据建筑面积和中水回用水量（中水设施建设规模）规定，具体办法由县级以上地方人民政府规定。但应当符合以下要求。

① 宾（旅）馆、饭店、商店、公寓、综合性服务楼及高层住宅等建筑的建筑面积在 2 万平方米以上。

② 机关、科研单位、大专院校和大型综合性文化、体育设施的建筑面积在 3 万平方米以上。

③ 住宅小区规划人口在 3 万人以上（或中水回用量在 $750 \mathrm{m}^3/\mathrm{d}$ 以上）。

（8）城市规划区内现有建筑符合当地中水设施建设条件的，其产权单位应当作出规划，组织建设中水设施；已建成的住宅小区符合中水设施建设条件的，城市建设行政主管部门应当有计划地组织配套建设中水设施。

（9）中水设施由建设单位负责建设，其建设投资应当纳入主体工程总概算，并与主体工程同时设计、同时施工、同时交付使用。

（10）中水设施的设计，由建设单位委托具有中水设计能力的单位进行设计，设计单位应当严格执行规划要求，在国家有关设计规范颁布之前，暂按中国工程建设标准化协会编制的《建筑中水设计规范》（CECS30：91）执行。设计方案（含水量平衡及经济技术分析资料）须经城市规划部门、城市节水管理部门审定。对不按规定设计中水设施的工程项目，规划部门不得颁发建设工程许可证。

（11）中水设施的建设必须由具有相应资格等级证书的施工单位承担。承担中水设施施工的单位必须严格按批准的设计方案施工，确需改变原计划的，须经原设计审定部门批准。

（12）中水设施应当按批准的设计方案与主体工程同步建设，同步竣工，中水设施工程竣工后，城市建设行政主管部门应当会同有关部门，组织竣工验收。验收合格后方可投入使用。验收不合格的，供水部门可以不予供水。

（13）中水设施交付使用后，由房屋的产权单位或其委托的房屋管理单位负责中水设施日常管理和维修。房屋的管理单位应当制定中水设施维护管理制度和工作规程，保证中水设施的正常运行和中水水质符合规定的标准。

（14）中水设施的管道、水箱等设备其外表应当全部涂成浅绿色，并严禁与其他供水设施直接联接。中水设施的出口必须标有"非饮用水"字样。

（15）中水设施的技术和设备提供者，必须保证设备安装、调试运行达到设计要求后方可交付管理单位使用，并按《产品质量法》的规定对其产品进行保修。任何单位和个人无正当理由不得限制中水技术和设备商的竞标活动。

（16）中水设施的管理人员必须经过专门培训，由城市节水管理部门考核合格后，发给合格证后方可从事管理工作。

（17）中水设施应当逐步实行有偿使用，由管理中水设施的单位负责计量收费，征收的中水水费主要用于中水设施的管理和维护。

中水水费标准由各地城市建设行政主管部门会同同级物价等部门制定。

（18）城市节水管理部门应当加强对投入使用的中水设施的监督、检查。发现停用或中水水质达不到规定标准的，应当责令其管理单位限期达到水质标准，逾期未达到的，应依照城市供水、节约用水的有关规定予以处罚，并适量核减用水指标，直至符合要求。

房屋管理单位不得将行政处罚费用转嫁给用户，违者将从重处罚。

（19）对认真执行本办法，在中水设施建设管理工作中成绩显著的，由各地人民政府城市建设行政主管部门给予表彰或奖励。

（20）城市节水管理部门及其工作人员，应严格依法办事，不得滥用职权，徇私舞弊，违者由所在单位或其上级主管部门予以行政处分。构成犯罪的由司法机关依法追究刑事责任。

（21）中水水质标准和检验方法按《生活杂用水质标准》（CJ 25.1—1989）和《生活杂用水标准检验方法》（CJ 25.2—1989）执行。

1.2 《关于加强中水设施建设管理的通告》

《关于加强中水设施建设管理的通告》（北京市市政管理委员会、北京市规划委员会、北京市建设委员会）部分内容如下。

（1）凡新建工程符合以下条件的，必须建设中水设施。

① 建筑面积 2 万平方米以上的宾馆、饭店、公寓等。

② 建筑面积 3 万平方米以上的机关、科研单位、大专院校和大型文化、体育等建筑。

③ 建筑面积 5 万平方米以上，或可回收水量大于 $150\text{m}^3/\text{d}$ 的居住区和集中建筑区等。

（2）现有建筑属第一条第①、②两项范围的，应根据条件逐步配套建设中水设施。

（3）应配套建设中水设施的建设项目，如中水来源水量或中水回用水量过小（小于 $50\text{m}^3/\text{d}$），必须设计安装中水管道系统。

（4）中水设施建设费用必须纳入基建投资预、决算。

（5）加强对新建、改建和扩建项目中水设施的审查和监督管理工作，设计部门必须按规定设计中水系统，施工图审查单位应严格审查。市规划委员会负责监督执行。

（6）凡应建中水设施而未落实建设项目的单位，建设管理部门不予办理建设工程开工许可证。

（7）对中水设施建设工程项目，建设单位应委托具有相应资质的监理单位监督管理。对违反规定，擅自更改原设计方案的，建设工程监理部门不予验收。市建委负责监督执行。

（8）凡未通过北京市建筑质量监督部门验收的工程项目，城市供水部门不予供水；节水管理部门不予核定用水计划；房地产管理部门不予办理房屋产权证书。市市政管理委员会、房地产管理局负责监督执行。

（9）凡未按要求进行中水设施建设的单位，属于设计责任的，由北京市规划委员会负责监督处理；属于施工、监理责任的，由北京市建设委员会负责监督管理；属于建设方责任的，由节水管理部门依据《北京市节约用水若干规定》和《北京市城镇用水浪费处罚规则》，对建设单位进行处罚，并限期补建中水设施。不按期纠正的，节水管理部门将核减其用水计划。

（10）已经建成的中水设施，建设单位必须加强设备维护，确保其正常运行。凡已建成中水设施但未使用或未经备案擅自停止使用的，节水管理部门将按有关规定予以处罚。

（11）中水设施运行管理单位对正常运行的中水设施需定期化验中水水质，每年进行中水水质监测不得少于一次，由节水管理部门负责监督执行。

1.3 《关于加强建设工程用地内雨水资源利用的暂行规定》

《关于加强建设工程用地内雨水资源利用的暂行规定》（市规发〔2003〕258号）部分内容如下。

（1）凡在本市行政区域内，新建、改建、扩建工程（含各类建筑物、广场、停车场、道路、桥梁和其他构筑物等建设工程设施，以下统称为建设工程）均应进行雨水利用工程设计和建设。

按照本市有关规定，建设中水利用设施的新改扩建设工程，必须同时考虑建设雨水利用设施。

（2）雨水利用是指针对因建设屋顶、地面铺装等地面硬化导致区域内径流量增加，而采取的对雨水进行就地收集、入渗、储存、利用等措施。

（3）雨水利用工程的设计和建设，以建设工程硬化后不增加建设区域内雨水径流量和外排水总量为标准。

径流量是指降水扣除蒸发和入渗后剩余的水量。外排水总量是指建设区域内因降雨产生的排入市政管网或河湖的总水量。

（4）雨水利用应因地制宜，工程一般采用就地入渗和储存利用等方式。

① 如果地面硬化利用类型为建筑物屋顶，其雨水应集中引入地面透水区域，如绿地、透水路面等进行蓄渗回灌或者引入储水设施蓄存利用。

② 如果地面硬化利用类型为建设工程的庭院、广场、停车场及人行道、步行街、自行车道等，应首先按照建设标准选用透水材料铺装，或建

设汇流设施将雨水引入透水区域蓄渗回灌或引入储水设施蓄存利用。

③ 如果地面硬化利用类型为城市主干道、交通主干道等基础设施，其路面雨水应结合沿线的绿化灌溉，设计建设雨水利用设施。

（5）建设工程的附属设施应与雨水利用工程相结合。景观水池应设计建设为雨水储存设施，草坪绿地应设计建设为雨水滞留设施。

用于滞留雨水的绿地须低于周围地面，但与地面高差最大不应超过 20cm。

（6）建设单位在编制建设工程可行性研究报告时，应对建设工程的雨水利用进行专题研究，并在报告书节水篇章中设专节说明。

雨水利用工程应与主体建设工程同时设计、同时施工、同时投入使用，其建设费用可纳入基本建设投资预、决算。

（7）规划、建设和节水管理部门对雨水利用工程的设计、建设和使用进行监督管理。

设计单位必须按照雨水利用设计标准和本规定进行规划设计。

施工单位必须按照经有关部门审查的施工设计图建设雨水利用工程。擅自更改设计的，建设单位不得组织竣工验收，并由市建委负责监督执行。

未经验收或验收不合格的建设工程，节水管理部门不得核定用水指标，供水部门不得供水，并由市节水办负责监督执行。

（8）未按要求设计建设雨水利用工程的，属于设计责任的，由规划行政主管部门负责监督处理；属于施工、监理责任的，由建设行政主管部门负责监督处理；属于建设业主责任的，由节水管理部门负责监督处理。

（9）建设单位要加强对已建雨水利用工程的管理，确保雨水利用工程正常运行。对长期不能使用的，节水管理部门应限期建设单位进行修复，并核减建设单位的用水指标。

（10）鼓励并规范开发利用雨水。

建设单位在建设区域内开发利用的雨水，不计入本单位的用水指标，且可自由出售。在规划市区、城镇地区等修建专用的雨水利用储水设施的单位和个人，可以申请减免防洪费。办理防洪费减免手续的具体办法由市水利局、市计委联合制定。

2 技术类文件

2.1 《公共建筑节能设计标准》

《公共建筑节能设计标准》（GB 50189—2015）部分内容如下。

电机驱动压缩机的蒸汽压缩循环冷水（热泵）机组，在额定制冷工况和规定条件下，性能系数（COP）不应低于表1的规定。

表1 冷水（热泵）机组制冷性能系数

类型		名义制冷量 CC/kW	性能系数 COP(W/W)					
			严寒A、B区	严寒C区	温和地区	寒冷地区	夏热冬冷地区	夏热冬暖地区
水冷	活塞式/涡旋式	CC≤528	4.10	4.10	4.10	4.10	4.20	4.40
	螺杆式	CC≤528	4.60	4.70	4.70	4.70	4.80	4.90
		528<CC≤1163	5.00	5.00	5.00	5.10	5.20	5.30
		CC>1163	5.20	5.40	5.40	5.50	5.60	5.60
	离心式	CC≤1163	5.00	5.10	5.10	5.20	5.30	5.40
		1163<CC≤2110	5.30	5.40	5.40	5.50	5.60	5.70
		CC>2110	5.70	5.70	5.70	5.80	5.90	5.90
风冷或蒸发冷却	活塞式/涡旋式	CC≤50	2.60	2.60	2.60	2.60	2.70	2.80
		CC>50	2.80	2.80	2.80	2.80	2.90	2.90
	螺杆式	CC≤50	2.70	2.70	2.80	2.80	2.90	2.90
		CC>50	2.90	2.90	3.00	3.00	3.00	3.00

名义制冷量大于7100W、采用电机驱动压缩机的单元式空气调节机、风管送风式和屋顶式空气调节机组时，在名义制冷工况和规定条件下。其能效比（EER）不应低于表2的规定。

表2 单元式机组能效比

类型		能效比(W/W)
风冷式	不接风管	2.60
	接风管	2.30

类型		能效比（W/W）
水冷式	不接风管	3.00
	接风管	2.70

2.2　《公共机构办公建筑用电分类计量技术要求》

《公共机构办公建筑用电分类计量技术要求》（DB11/T 624—2009）中用电分类计量系统设计的技术要求如下。

用电分类计量系统应能够对各用电设备分项采集、分类计量其用电量；应能进行实时计量，现场显示，远程通信，集中建立用电分类计量数据库和数据处理系统。

无法直接计量的分项用电量，可利用科学合理的拆分、合并等间接方法进行计算。

用电分类计量系统设计说明应包括设计原则、范围、达到的计量覆盖率以及表计和设备的选用。

对于已建建筑还应包括原计量状况、改造后计量系统状况。

计量点接线设计不能改动供电部门收费计量表的二次线，不能与收费电能表串接。

建筑总用电量的计量应在变压器的低压出线侧安装电能综合测量装置，除总用电量以外的支路电的计量点应安装电子式多功能电能表或电气测量单元。电能综合测量装置应实现对电气运行参数的测量、统计、存储、分析、管理等功能，同时具有对各分类电量的采集功能。

新建建筑，除在总配电室出线计量以外，在楼层分配电箱应对空调采暖系统的末端设备、照明系统、办公设备、电开水器等进行专线供电，并在楼层分配电箱内装设一个电能综合测量装置和若干个电气测量单元。

电能综合测量装置应留有室内温度测量数据接口，具有相应升级扩展功能。

数据通信应符合 DL/T 645 和 DL/T 535 的规定。由电子式多功能电能表或电气测量单元到电能综合测量装置数据通信可采用 RS-485、低压电力线载波等有线通信方式；由电能综合测量装置到远程数据处理系统数据通信方式可采用 GPRS、CDMA 等无线通信方式；由电能综合测量装置到当地数据处理系统数据传输可采用以太网等有线通信方式。

已建建筑的用电分类计量系统改造工程设计图纸应包括以下内容。

① 设计说明。

② 配电设备和计量系统设备平面布置图。

③ 供电系统表计安装位置一次线示意图。

④ 安装表计一览表。

⑤ 表箱制作尺寸图、箱内表计布置及信号传输接线图。

⑥ 表计接线原理图。

⑦ 低压柜表计端子接线图。

⑧ 计量网络示意图。

⑨ 电缆清册。

⑩ 设备材料表。

新建建筑，在电气专业设计图中应含有分类计量内容，供电系统线路的设计应与分类计量的要求相适应。

2.3 《公共机构办公建筑用电和采暖用热定额》

《公共机构办公建筑用电和采暖用热定额》（DB11/T 706—2010）部分内容如下。

建筑分项用电定额值见表3。

表3　分项用电定额值　　单位：kW·h/(m²·a)

分项定额名称	冷源/热源形式	分项定额值	备注
建筑空调用电定额	冷水机组	14.9	包括冷源和输配系统(含制冷机、冷却水塔、冷却水泵、冷冻水泵及附属设备等)的用电量,不含空调末端用电
	直燃机	9.7	
	多联机空调	—	
	热泵	—	
	分体空调	6.5	分体空调的用电量
建筑采暖用电定额	市政和区域供热站	4.6	采暖系统中热源和输配系统(含锅炉、采暖循环泵及附属设备等)的用电量,不含末端设备用电
	燃煤、燃气、燃油锅炉	—	
	直燃机	5.0	
	多联机空调	—	
	热泵	—	

分项定额名称	冷源/热源形式	分项定额值	备注
建筑其他常规用电定额		68.4	包括照明系统、室内设备、常规动力和空调采暖末端等系统和设备的用电量

注：表1中部分分项定额没有给出具体数值，待样本扩充后补充。

建筑采暖用热定额值如表4所示。

表4　国家机关办公建筑采暖用热定额值

单位：GJ/(m^2 · a)

定额名称	定额值
国家机关办公建筑采暖用热定额	0.35

2.4　《公共机构办公建筑采暖用热计量技术要求》

《公共机构办公建筑采暖用热计量技术要求》（DB11/T 625—2009）主要技术内容如下。

（1）总体要求应符合下列规定

① 计量等级：3级及以上。

② 环境等级：应满足现场环境要求。

③ 防护级别：按CJ 128的规定执行。

（2）流量传感器应满足下列技术要求

① 工作温度、压力、流量范围和压损应符合设计、施工、运行、试压等相关规范和工程技术文件的要求。

② 流量传感器安装所要求的直管段长度应满足现场的实际情况。

③ 在热力管沟内安装的流量传感器应能适应管沟内的环境要求。

④ 在直燃机管道上应安装冷热两用热量表，在夏季通过冷水时，应具备防止冷凝水对流量传感器电气元件造成损坏的防护功能。

（3）计算器应满足下列技术要求

① 供电电源：锂电池或可靠外接电源。

② 当电源停止供电时，计算器应能保存断电前记录的累计热量、累计流量和相对应的时间数据及本标准4.3.1中的历史数据，恢复供电后应

能自动恢复正常计量功能。

（4）温度传感器应满足下列技术要求

① 传感器类型：铂电阻。

② 工作温度范围、温差范围应满足现场使用条件。

③ 应采用加套管的 PL 型温度传感器。

④ 温度传感器的长度应保证温度传感器内的测温元件达到管道的中心位置。

⑤ 温度传感器的填充材料应为导热硅胶。

⑥ 接线盒型温度传感器的导线截面积宜采用 0.5mm^2，电缆型温度传感器的导线截面积应不小于 0.14mm^2。

⑦ 当温度传感器的导线长度较长时宜采用四线制。

2.5 《建筑照明设计标准》

《建筑照明设计标准》（GB/T 50034—2013）部分内容如下所列。

办公建筑照明标准值应符合表 5 的规定。

表 5 公共和工业建筑通用房间或场所照明标准值

房间或场所		参考平面及高度	照度标准值/lx	UGR	U_0	R_a	备注
门厅	普通	地面	100	—	0.40	60	—
	高档	地面	200	—	0.60	80	—
走廊、流动区域、楼梯间	普通	地面	50	25	0.40	60	—
	高档	地面	100	25	0.60	80	—
自动扶梯		地面	150	—	0.60	60	—
厕所、盥洗、浴室	普通	地面	75	—	0.40	60	—
	高档	地面	150	—	0.60	80	—
电梯前厅	普通	地面	100	—	0.40	60	—
	高档	地面	150	—	0.60	80	—
休息室		地面	100	22	0.40	80	—
更衣室		地面	150	22	0.40	80	—
公共车库		地面	50	—	0.60	60	—

办公建筑照明功率密度值不应大于表 6 的规定。当房间或场所的照度值

高于或低于表 6 规定的对应照度值时，其照明功率密度值应按比例提高或折减。

表 6 办公建筑照明功率密度值

房间或场所	照明功率密度/（W/m²）		对应照度值/lx
	现行值	目标值	
普通办公室	≤9.0	≤8.0	300
高档办公室、设计室	≤15	≤13.5	500
会议室	≤9	≤8.0	300
服务大厅	≤11	≤10.0	300

2.6 《公共生活取水定额 第6部分：写字楼》

《公共生活取水定额 第 6 部分：写字楼》（DB11/T 554.6—2010）部分内容如下。

写字楼单位建筑面积取水定额值应符合表 7 的规定。

表 7 写字楼单位建筑面积取水定额值 单位：$m^3/(m^2 \cdot a)$

空调类型	取水定额值
水冷中央空调	1.0
非水冷中央空调及其他	0.9

完善健全的计量系统，应符合 GB/T 12452，一级水表计量率达到 100%，二级水表计量率达到 90%，三级水表计量率达到 85%。有完善的计量台账。

节水器具应符合 CJ 164，安装率应达到 100%。

2.7 《建筑中水运行管理规范》

《建筑中水运行管理规范》（DB11/T 348—2006）主要内容如下。

4 系统运行管理

4.1 试运行管理

4.1.1 系统试运行前，中水设施的建设单位应向运行管理单位提供完整的技术资料和中水处理站操作规程，包括：

a. 技术资料，含：设计图、设计说明书和竣工图及各项设备的使用说明书，以及设备维护、维修、检修规定，药品和备品备件的规定等文件。

b. 中水处理站操作规程，含：各工艺主要技术参数和操作控制要求，中水站启动和停运操作程序和方法，装置设备和仪器仪表操作运行规定，及对操作过程中突发情况的应变措施等。

4.1.2　原水水质和水量相对稳定时，应进行系统调试。

4.1.3　系统调试应由中水设施的建设单位负责，拟接管的管理人员及运行操作人员参加，系统调试连续时间不应少于 2 周，有生物处理的不应少于 6 周。

4.1.4　系统调试中应检验整个系统和工艺设备的运行情况，并做好记录。

4.1.5　系统调试的技术指南参见附录 A。

4.1.6　系统调试运行后，建设单位应提出具有指导意义的运行技术参数，以及原水水质检测报告和合格的中水水质检测报告。

4.1.7　系统调试完成后，应由建设单位向运行管理单位进行交接验收。

4.1.8　在交接验收后，按节水设施与主体工程同时设计、同时施工、同时投入使用的规定，运行管理单位应正式接管，并应在一个月内投入运行。

4.1.9　运行管理单位接管后，宜安排一段检验期。检验期运行管理单位应坚持连续运行，检验设备、积累资料、健全管理。

4.1.10　在检验期内，运行管理单位应对操作人员进行专业的岗位培训。

4.1.11　中水系统在正式向用户供水前，应满足以下要求：

a. 出水水质应根据用途符合 GB/T 18920 或 GB/T 18921 的规定。

b. 具有 10 日以上的稳定运行记录。

c. 确认中水管路与自来水及直饮水管路没有误接，方法参见附录 B。

4.2　运行管理

4.2.1 运行管理单位应建立正式的规章制度：

a. 岗位责任制：明确中水运行管理部门、主管领导、主管人员、操作人员、化验人员和维修人员，建立各部门、人员岗位责任制等。

b. 工艺操作规程：应有工艺系统流程图、各岗位安全及运行操作规程、巡视路线图和巡视要求、系统启运与停运操作程序等，并应明示中水站内的明显部位。

c. 运行巡检记录制度：操作人员应做好设备运行和交接班记录，填写附录 C 的表 C.1。

d. 日常水质监测参见附录 D。

e. 设备和器材管理制度：各项设备安全管理与日常维护保养，定期的大、中、小修内容和设备档案记录，药品和备品备件的管理。

4.2.2 中水设施管理人员和操作人员应持证上岗。

4.2.3 中水设施可由产权单位自行管理，也可委托有相应资质的专业单位承担运行管理和维护保养。

4.3 中水安全使用管理

4.3.1 建筑中水管理单位应对所辖范围内的中水管路、取水口、中水用途、使用方式、用水安全等方面进行严格管理，保证中水的安全使用。

4.3.2 中水的井盖、水箱、管道及出水口等设施应涂成规定颜色，在显著位置给予标识，标注"非饮用水"或"中水"等字样，以防误饮、误用、误接，并有专人巡视和定期检查。

4.3.3 室外和公共场所的中水取水口，应采取措施，使阀门的开启由中水管理人员掌握。

4.3.4 物业管理单位应：

a. 告知室内装饰、装修人（或企业）：不得擅自拆改中水管道和设施，禁止将中水管道与生活饮用水管道连接；不得将废弃涂料、溶剂等物倒入中水原水收集管道中。

b. 在室内装饰装修验收时，核查中水管线，防止中水管道与生活饮用水管道误接。对于隐蔽管路的连接处，应在隐蔽前做好检查。

c. 向使用中水或可能接触中水的人员做好中水安全使用的告知和宣

传，告知内容：中水用途、水质标准、安全防护和注意事项等。特别要提示中水禁止用于：饮用、洗菜、做饭、洗澡、洗衣服、擦桌子和擦洗汽车内部等。长期无人使用的便器水箱应将所存中水放空。

4.3.5　绿地灌溉应防止中水与人身体接触，出水口附近 10 米范围内，不宜设居民饮食和饮水点。

4.4　水质检测与管理

4.4.1　水样取样点应有清晰的标识。原水取样应在调节池出水口，中水取样应在中水池进水口前。余氯指标测定取样点应包含：控制点——管网末端的测定点，辅助控制点——中水站内的消毒接触反应池后。

4.4.2　应由具备相应资质的单位出具水质全项检测报告，其取样和检测方法应符合国家有关标准规定。

4.4.3　水质检测项目与周期，应符合附录 D 表 D.1 的规定。

4.4.4　日常水质监测方法参见附录 E。

4.4.5　中水运行管理及供水单位应接受北京市水行政主管部门对中水的水质监督和抽检。

4.4.6　已经正常供水的中水设施，一经检出中水水质不合格，应立即停止供应中水，改供自来水，并及时整改、调试。调试后，中水水质经全项检测合格后，方可供水。

4.4.7　必要时应对中水及其原水进行同步检测。

4.5　设备维护保养

4.5.1　运行管理单位应加强对中水设施的维护管理。如需停止使用，应及时报告所属节水主管部门备案。

4.5.2　运行管理人员和维修人员应按设备管理制度进行日常维护保养。

4.5.3　各种机械设备除日常保养外，还应按设计要求或制造厂的要求进行大、中、小修。

4.5.4　压力容器等设备重点部件的检修，应由具备相应资质的维修单位进行。

4.5.5　定期检查、更换各项安全设施和防护用品。

4.6　应急预案

4.6.1 传染病爆发期间管理单位应指定专人参与应急指挥系统。

4.6.2 疫区的中水应停止用于娱乐性景观用水。

4.6.3 发生疫情的隔离区应停止供用中水，消毒后改用自来水供水。

4.6.4 非隔离区继续运行的中水系统应加强消毒，增加水质监测频率，保持处理站通风换气状况良好。

4.6.5 应按照国家和北京市有关要求采取应急措施。

5 工艺设施运行维护

5.1 格栅

5.1.1 栅渣应定时清除，清捞出的栅渣，应妥善处置。

5.1.2 格栅除污机运行时，应监视机电设备的运转情况，注意传动链条和轴承的磨损，发现故障应停车检修。

5.1.3 格栅除污机每年应进行一次彻底清洗和防锈蚀处理。

5.1.4 汛期应加强巡视，增加清污次数。

5.2 水泵

5.2.1 水泵启动和运行时，操作人员不应接触转动部位。

5.2.2 不应频繁启动水泵。停止和启动的时间间隔应在 5 分钟以上。

5.2.3 水泵在运行中，应严格执行巡回检查制度，并符合下列规定：

a. 各种仪表显示正常、稳定。

b. 滚动轴承自身温度不超过规定要求。

c. 水泵机组无异常的噪声或振动。

5.2.4 水泵运行中发现异常情况，应立即停泵。

5.2.5 水泵日常保养应按说明书要求进行。

5.3 调节池

5.3.1 调节池每年至少应清洗一次。搅拌装置应定期检修。

5.3.2 清洗调节池前，应注意通风。对于加盖的调节池，应进行强制通风。

5.3.3 当调节池经常发生溢流时，应对液位控制器上下限位或整个系统进行调节。

5.3.4 应定期检验液位控制器，防止异物缠绕。

5.4 生物反应池

5.4.1 应使生物反应池的进水流量均匀稳定，尽量减少进水的间断。

5.4.2 生物接触氧化池出口处的溶解氧浓度应保持在 3～4mg/L 范围内，活性污泥曝气池出口处应保持在 2～4mg/L。当停止进水超过 2 天时，应适当降低供气量，如间歇曝气，或减小接触氧化池供气量，将多余气量供给调节池。

5.4.3 对生物接触氧化池填料应进行定期检查，并按维修规定进行更换或补充。

5.4.4 生物反应池，宜每年放空一次，清通曝气头，检修各种装置；或根据运行情况如水面曝气是否均匀来判断曝气装置是否堵塞，再进行放空检修。

5.4.5 一体式膜生物反应器的运行管理按 CECS 152 执行。

5.4.6 活性污泥法曝气池的运行管理按 CJJ 60 执行。

5.5 风机及曝气设备

5.5.1 应根据本规范 5.4.2 规定，进行风量调节。

5.5.2 需要减少供气量时，可选择下列操作方法：

a. 多台设备，可视情况关掉若干台。

b. 从生物反应池底风管排水管路排出多余风量。

c. 如风机出风口有旁路管，可由此排放多余风量，多余风量宜进调节池做预曝气。

5.5.3 水下曝气机的消音过滤罩应定期清洗，当其出气量减少时应检查处理。

5.5.4 风机和水下曝气机运行中发现异常情况，应立即停机。

5.5.5 清洗或调换风机空气过滤器时应停机并采取防尘措施。

5.5.6 风机和曝气设备的其他保养事项应按说明书要求进行。

5.6 二沉池

5.6.1 应及时清理池面漂泥和堰口积泥，并按操作规程，定时定量排放污泥。当夏季或污水量较大时应适当增加排污次数，一般每天不少于一次。

5.6.2 排泥阀门、管路应经常检查，保持管路畅通。

5.7　滤池

5.7.1　应按操作规程进行反冲洗。对煤砂双层滤料，在滤池冲洗刚结束时，应缓闭排水阀，让煤砂恢复分层。在滤池冲洗完成时，应等3分钟，再缓慢启动过滤。在过滤启动5分钟内，初期滤水应排放或返回调节池。

5.7.2　滤池停运时间超过3天以上，应在停运前反洗干净。

5.7.3　对于压力滤池，应经常通过排气阀，排尽顶部的存气，并保持平稳操作。对其反冲时应缓慢开启进水阀门。

5.7.4　对于压力滤池的安全泄压装置应按说明书要求加强维护保养。

5.7.5　当发现压力滤池有异常情况（承压部件出现裂纹、鼓包、变形、焊缝或可拆连接处泄漏；安全装置失效，连接管件断裂，紧固件损坏等现象）时，应立即报告主管部门采取相应措施。

5.7.6　对装有安全附件的压力过滤器应定期检验。安全附件的定期检验按 TSG R 7001 执行。

5.7.7　压力表、温度计等应保持洁净，表盘上的玻璃应明亮清晰。压力表、温度计应定期进行校核，不合格应及时更换。

5.7.8　对滤池内滤料应做定期检查，按维修规定进行更换或补充；也可定期将滤池或过滤器中过滤介质排到滤池外或过滤器外进行体外清洗，如有缺损应补充。

5.8　消毒设施

5.8.1　药剂的进货、保存与管理：

a. 次氯酸钠有效氯的计算和控制。在使用次氯酸钠溶液消毒时，应注意保存时间，并分析其有效氯含量，以便掌握有效氯的衰减情况，确定每次的最佳送货量和送货周期，减少氯的损失。

b. 商品次氯酸钠应在干燥、避光、有通风设施的室内贮存，并与易燃、还原性物质分开存放。

c. 各种药品药剂要有专人保管，并有使用登记记录。

d. 使用过的药剂包装不得随意丢弃。

5.8.2　如无余氯自控装置，对于次氯酸钠的投加量设定，应依据有效氯含量和处理水量、水质、水温的变化情况及时调整。

5.8.3　在加氯计量泵运行中，应注意泵的运行是否正常，有无异常声音，检查进药管滤头，有堵塞应及时清洗。

5.8.4　应严格按出厂说明书进行消毒液现场发生器的运行管理。

5.8.5　对二氧化氯发生器应加强安全防护，防护方法如下：

a. 二氧化氯制备过程中应严格控制原料稀释浓度，防止误操作；

b. 对密闭式反应器的各项安全措施应经常检查和维护；

c. 应经常检查清理投药射流器，预防堵塞；

d. 应定时地进行设备的通风排气，排除装置内凝结残液及运行过程中产生的可爆炸气体；

e. 应将发生器原料中的强氧化性和强酸化学品分别储放在完全隔开的仓库里，原料的搬运路线不应重叠；

f. 发生器每次使用前，应由专人对发生器进行检查。

5.8.6　消毒剂发生器所在的室内，严禁烟火。

5.8.7　对消毒设备维护保养应配备专人负责，严格按产品说明要求进行检查维护。

5.8.8　检修和清洗加氯泵时，操作人员应佩戴安全防护用品。

5.8.9　紫外线消毒设备运行维护按 GB/T 19857 执行。

5.9　监控仪表和配电设备

5.9.1　操作人员应定时对监控仪表和配电设备进行现场巡视和记录，发现异常情况应及时处理。

5.9.2　应定期对计量仪表进行检定。

5.9.3　电气设备的安全使用和维护按照国家有关规定执行。

5.9.4　其他运行维护事项按说明书要求进行。

5.10　补水设施和供水

5.10.1　应每日定时准确记录补水表读数，计算补水量。当补水经常发生时，应采取各种可能的措施，挖掘中水水源，扩大中水产量。

5.10.2　应每日定时准确记录供水表读数。

5.10.3　补水用电磁阀，在使用一段时间后，会出现关闭不严现象，应打开阀盖，将阀塞端面杂物清除干净。长期不用，应定期清洗。

5.10.4　应通过调节装置控制水力补水阀。

5.10.5　高位水箱应定期清洗。

2.8　《绿色建筑评价标准》

《绿色建筑评价标准》（GB/T 50378）主要内容如下。

5　节能与能源利用

5.1　控制项

5.1.1　建筑设计应符合国家现行有关建筑节能设计标准中强制性条文的规定。

5.1.2　不应采用电直接加热设备作为供暖空调系统的供暖热源和空气加湿热源。

5.1.3　冷热源、输配系统和照明等各部分能耗应进行独立分项计量。

5.1.4　各房间或场所的照明功率密度值不得高于现行国家标准《建筑照明设计标准》（GB 50034）中的现行值规定。

5.2　评分项

Ⅰ　建筑与围护结构

5.2.1　结合场地自然条件，对建筑的体形、朝向、楼距、窗墙比等进行优化设计，评价分值为6分。

5.2.2　外窗、玻璃幕墙的可开启部分能使建筑获得良好的通风，评价总分值为6分，并按下列规则评分：

①　设玻璃幕墙且不设外窗的建筑，其玻璃幕墙透明部分可开启面积比例达到5%，得4分；达到10%，得6分。

②　设外窗且不设玻璃幕墙的建筑，外窗可开启面积比例达到30%，得4分；达到35%，得6分。

③　设玻璃幕墙和外窗的建筑，对其玻璃幕墙透明部分和外窗分别按本条①和②进行评价，得分取两项得分的平均值。

5.2.3　围护结构热工性能指标优于国家现行有关建筑节能设计标准的规定，评分总分值为10分，并按下列规则评分：

①　围护结构热工性能比国家现行有关建筑节能设计标准规定的提高

幅度达到 5%，得 5 分；达到 10%，得 10 分。

②供暖空调全年计算负荷降低幅度达到 5%，得 5 分；达到 10%，得 10 分。

Ⅱ 供暖、通风与空调

5.2.4 供暖空调系统的冷、热源机组能效均优于现行国家标准《公共建筑节能设计标准》（GB 50189）的规定以及现行有关国家标准能效限定值的要求，评价分值为 6 分。对电动机驱动的蒸汽压缩循环冷水（热泵）机组，直燃型和蒸汽型溴化锂吸收式冷（温）水机组，单元式空气调节机、风管送风式和屋顶式空调机组，多联式空调（热泵）机组，燃煤、燃油和燃气锅炉，其能效指标比现行国家标准《公共建筑节能设计标准》（GB 50189）规定值的提高或降低幅度满足表 5.2.4 的要求；对房间空气调节器和家用燃气热水炉，其能效等级满足现行有关国家标准的节能评价值要求。

5.2.5 集中供暖系统热水循环泵的耗电输热比和通风空调系统风机的单位风量耗功率符合现行国家标准《公共建筑节能设计标准》（GB 50189）等的有关规定，且空调冷热水系统循环水泵的耗电输冷（热）比比现行国家标准《民用建筑供暖通风与空气调节设计规范》（GB 50736）规定值低 20%，评价分值为 6 分。

5.2.6 合理选择和优化供暖、通风与空调系统，评价总分值为 10 分，根据系统能耗的降低幅度的规则评分。

5.2.7 采取措施降低过渡季节供暖、通风与空调系统能耗，评价分值为 6 分。

5.2.8 采取措施降低部分负荷、部分空间使用下的供暖、通风与空调系统能耗，评价总分值为 9 分，并按下列规则分别评分并累计：

①区分房间的朝向，细分供暖、空调区域，对系统进行分区控制，得 3 分；

②合理选配空调冷、热源机组台数与容量，制订实施根据负荷变化调节制冷（热）量的控制策略，且空调冷源的部分负荷性能符合现行国家标准《公共建筑节能设计标准》（GB 50189）的规定，得 3 分；

③水系统、风系统采用变频技术，且采取相应的水力平衡措施，得 3 分。

Ⅲ　照明与电气

5.2.9　走廊、楼梯间、门厅、大堂、大空间、地下停车场等场所的照明系统采取分区、定时、感应等节能控制措施，评价分值为5分。

5.2.10　照明功率密度值达到现行国家标准《建筑照明设计标准》（GB 50034）中的目标值规定，评价总分值为8分。主要功能房间满足要求，得4分；所有区域均满足要求，得8分。

5.2.11　合理选用电梯和自动扶梯，并采取电梯群控、扶梯自动启停等节能控制措施，评价分值为3分。

5.2.12　合理选用节能型电气设备，评价总分值为5分，并按下列规则分别评分并累计：

① 三相配电变压器满足现行国家标准《三相配电变压器能效限定值及能效等级》（GB 20052）的节能评价值要求，得3分；

② 水泵、风机等设备，及其他电气装置满足相关现行国家标准的节能评价值要求，得2分。

Ⅳ　能量综合利用

5.2.13　排风能量回收系统设计合理并运行可靠，评价分值为3分。

5.2.14　合理采用蓄冷蓄热系统，评价分值为3分。

5.2.15　合理利用余热废热解决建筑的蒸汽、供暖或生活热水需求，评价分值为4分。

6.1　控制项

6.1.1　应制订水资源利用方案，统筹利用各种水资源。

6.1.2　给排水系统设置应合理、完善、安全。

6.1.3　应采用节水器具。

6.2　评分项

Ⅰ　节水系统

6.2.1　建筑平均日用水量满足现行国家标准《民用建筑节水设计标准》（GB 50555）中的节水用水定额的要求，评价总分值为10分，达到节水用水定额的上限值的要求，得4分；达到上限值与下限值的平均值要求，得 7 分；达到下限值的要求，得 10 分。

6.2.2　采取有效措施避免管网漏损，评价总分值为 7 分，并按下列规则分别评分并累计：

① 选用密闭性能好的阀门、设备，使用耐腐蚀、耐久性能好的管材、管件，得 1 分；

② 室外埋地管道采取有效措施避免管网漏损，得 1 分；

③ 设计阶段根据水平衡测试的要求安装分级计量水表；运行阶段提供用水量计量情况和管网漏损检测、整改的报告，得 5 分。

6.2.3　给水系统无超压出流现象，评价总分值为 8 分。用水点供水压力不大于 0.30MPa，得 3 分；不大于 0.20MPa，且不小于用水器具要求的最低工作压力，得 8 分。

6.2.4　设置用水计量装置，评价总分值为 6 分，并按下列规则分别评分并累计：

① 按使用用途，对厨房、卫生间、绿化、空调系统、游泳池、景观等用水分别设置用水计量装置，统计用水量，得 2 分；

② 按付费或管理单元，分别设置用水计量装置，统计用水量，得 4 分。

6.2.5　公用浴室采取节水措施，评价总分值为 4 分，并按下列规则分别评分并累计：

① 采用带恒温控制和温度显示功能的冷热水混合淋浴器，得 2 分；

② 设置用者付费的设施，得 2 分。

Ⅱ　节水器具与设备

6.2.6　使用较高用水效率等级的卫生器具，评价总分值为 10 分。用水效率等级达到三级，得 5 分；达到二级，得 10 分。

6.2.7　绿化灌溉采用节水灌溉方式，评价总分值为 10 分，并按下列规则评分：

① 采用节水灌溉系统，得 7 分；在此基础上设置土壤湿度感应器、雨天关闭装置等节水控制措施，再得 3 分。

② 种植无需永久灌溉植物，得 10 分。

6.2.8　空调设备或系统采用节水冷却技术，评价总分值为 10 分，并按下列规则评分：

① 循环冷却水系统设置水处理措施；采取加大集水盘、设置平衡管或平衡水箱的方式，避免冷却水泵停泵时冷却水溢出，得 6 分。

② 运行时，冷却塔的蒸发耗水量占冷却水补水量的比例不低于 80％，得 10 分。

③ 采用无蒸发耗水量的冷却技术，得 10 分。

6.2.9　除卫生器具、绿化灌溉和冷却塔外的其他用水采用了节水技术或措施，评价总分值为 5 分。其他用水中采用了节水技术或措施的比例达到 50％，得 3 分；达到 80％，得 5 分。